집중의 뇌과학

집중의 뇌과학

**뇌과학으로 설계하는
22가지 집중력 극대화 솔루션**

가바사와 시온 지음 | 이은혜 옮김

현대
지성

'카톡' 울리는 순간, 흩어지는 마음...
뇌과학자가 찾은 집중력 해법

김대식(뇌과학자, 카이스트 교수, 『김대식의 빅퀘스천』 저자)

현생 인류, 호모 사피엔스는 약 30만 년 전 아프리카에서 등장했다. 5~7만 년 전에는 유라시아 대륙으로 퍼져 나갔고, 1만 년 전부터는 농경을 시작하며 정착 생활로 문명을 꽃피웠다. 이렇게 30만 년 동안의 여정을 거쳐 오늘날의 인간 사회에 도달했다.

그런데 놀라운 사실이 하나 있다. 지난 30만 년 동안 인간의 뇌는 본질적으로 업그레이드되지 않았다는 점이다. 다시 말해, 우리는 여전히 '원시 시대의 뇌'를 가지고 고도로 발달한 현대 사회를 살아가고 있다. 이로 인해 자연스러운 부작용이 생겨났는데, 그중 가장 두드러진 문제는 바로 '집중력'이다.

원시 시대에는 인간의 눈앞에 놓인 문제 대부분이 순차적이었다. 중요한 몇 가지 정보에만 집중하면 생존이 가능했다. 맹수를 피하거나, 먹잇감을 사냥하고, 가족이 기다리는 안전한 동굴로 돌아가기만 하면 됐다. 그러나 현대 사회는 전혀 다르다. 사방에서 수많은 정보가 쏟아지고, 우리는 매일 새로운 환경과 과제를 마주한다.

심리학자 조지 A. 밀러는 인간이 한 번에 최대 7개의 정보를 기억할 수 있다고 밝혔지만 오늘날 우리는 7개가 아니라 70개, 아니 700개의 다채로운 정보와 뉴스를 접하며 이를 한꺼번에 처리해야 하는 삶을 살고 있다. 이런 환경 속에서 많은 현대인이 무기력, 우울증, 번아웃, 공황장애에 시달리는 것은 어찌 보면 당연한 결과다.

『집중의 뇌과학』은 집중력이 부족해지는 원인을 뇌과학적으로 상세히 분석한 뒤, 구체적이고 현실적인 해결책까지 제안하는 아주 매력적인 책이다. 평소에 집중력이 떨어진다고 느끼는 사람이라도 이 책이 제안하는 방법을 따라가면 필요할 때 높은 수준의 집중력을 발휘할 수 있다. 스마트폰을 내려놓지 못하는 직장인부터 끝없는 과제와 씨름하는 학생까지, 현대의 정보 홍수 속에서 길을 잃은 우리 모두가 반드시 읽어야 할 책이다.

뇌과학으로 밝혀낸
집중력의 비밀

박세니(박세니마인드코칭 대표, 『멘탈을 바꿔야 인생이 바뀐다』 저자)

마법의 램프에서 지니가 나타나 성공에 필요한 한 가지 능력을 주겠다고 제안한다. 당신은 무엇을 달라고 할 것인가? 나라면 바로 '집중력'을 구할 것이다.

나는 유명 기업가를 비롯해 최고 수준의 기량을 자랑하는 골프 선수, 양궁 선수의 마인드셋 설정과 멘탈 관리를 돕는 대한민국 최고의 심리 코칭 전문가로 일하고 있다. 그런 정상급 실력자들조차 갈망하는 능력이 바로 '더 강력한 집중력'이다. 그들은 이미 뛰어난 집중력으로 정상에 올랐지만, 불가능을 넘어서려면 한 차원 높은 집중력이 필요하다는 것을 누구보다 잘 알고 있다.

최고가 아니라도, 이 시대를 살아가는 모든 이들에게 집중력은 필수다. 하지만 현실을 보라. 스마트폰에 정신이 팔리고,

숏폼 콘텐츠에 시간을 빼앗기고, 끊임없는 알림에 방해받는다. 현대인들은 가장 기본적인 집중력조차 잃어버린 채 하루하루를 버티고 있다. 아이러니하게도 이토록 풍요로운 시대를 살면서도, 집중력을 잃은 사람들은 그 혜택을 제대로 누리지 못한 채 표류하고 있다. 이것이 현장에서 마주하는 우리 시대의 가장 큰 비극이다.

내가 수많은 정상급 선수와 기업가들을 코칭하며 깨달은 것이 있다. 집중력의 기본은 바로 뇌과학에 있다는 것이다. 뇌의 작동 원리를 정확히 이해하고, 이를 자신의 분야에 맞게 적용할 수 있어야 진정한 집중력이 완성된다. 하지만 안타깝게도 이런 핵심을 제대로 짚어주는 멘토를 찾기는 쉽지 않다. 이 책은 바로 그 갈증을 해소해줄 것이다.

이 책은 내가 현장에서 최고들을 코칭하며 검증한 모든 것을 담고 있다. 집중력의 핵심 원리부터 기초적인 훈련법 그리고 최고 수준의 집중에 이르는 실전 노하우까지 전부 들어 있다. 특히 주목할 점은 이 모든 것이 뇌과학이라는 단단한 기반 위에 세워져 있다는 것이다. 이 책의 방법을 충실히 따른다면, 당신도 어떤 분야에서든 정상급 전문가로 성장할 수 있을 것이다.

집중력이 바뀌면
인생의 모든 것이 바뀐다

매일 아침 새로운 결심을 하며 하루를 시작한다. "오늘만큼은 실수하지 말자, 오늘은 제때 퇴근하자." 하지만 현실은 어떠한가? 업무 효율이 바닥을 쳐 어김없이 야근이다. 일상생활은 더 심하다. 중요한 일정을 깜빡하고, 해야 할 일들은 산더미처럼 쌓여만 간다. 종일 바쁘게 움직이는데 정작 제대로 처리한 일은 하나도 없다. 마음이 조급하고 늘 무언가에 쫓기는 기분이다.

이런 증상들이 하나둘 괴롭힌다면, 그것은 뇌가 보내는 '집중력 실종'의 위험 신호다. 모든 문제의 뿌리에는 집중력 부족이 자리 잡고 있다. 매 순간 쏟아지는 정보의 홍수 속에서 우리의 뇌는 점점 더 산만해지고 있다. 집중력을 잃은 뇌는 방향을 잃고 끊임없이 에너지만 소모한다.

성공한 사람들의 유일한 공통점, 집중력

집중력이 부족한 사람의 일상은 악순환의 연속이다. 회사에서 업무 지시를 받을 때부터 문제는 시작된다. 일단, 상사가 전달하는 세부 사항이 제대로 귀에 들어오지 않는다. 마치 구멍 난 소쿠리로 물을 퍼내려는 것처럼 새로운 정보는 머릿속에 들어오자마자 흔적도 없이 사라진다.

기억하지 못한 정보는 당연히 실수로 이어진다. 처음에는 '깜빡했다'는 변명이 통하지만, 시간이 지날수록 '기억력이 나쁜 사람', '일 못하는 사람', 심지어는 '업무 태도가 불량한 사람'이라는 낙인이 찍힌다.

문제는 여기서 그치지 않는다. 한 가지 일을 처리하다가도 쉽게 다른 생각에 빠진다. 정신을 차리면 이미 시간은 한참 지나 있다. 이것을 만회하고자 여러 일을 동시에 처리하려 하지만, 그럴수록 부족한 집중력이 더욱 분산되어 생산성은 바닥을 친다.

결국 야근은 일상이 되고, 늘 시간에 쫓기는 삶을 살게 된다. 피로와 스트레스는 쌓여만 가고, 조급함과 짜증으로 동료와의 관계마저 악화된다. 제대로 된 휴식도 취하지 못하고 다음 날을 맞이하니 악순환이 반복된다. 이런 상태가 지속되면 결국 깊은 수렁에 빠지고 만다.

하지만 집중력이 높은 사람의 하루는 완전히 다르다. 업무를 시작하는 순간 깊이 몰입해 효율적으로 일을 처리한다. 주변 동료보다 더 빨리, 완성도 있게 일을 해낸다. 자연스럽게 일 잘하는 사람이라는 평가를 받고 승진도 한발 빠르다.

야근할 필요가 없으니 제때 퇴근해 여유로운 저녁 시간을 보낸다. 심지어 부업을 해서 추가 수입을 올리기도 한다. 운동으로 건강도 챙기고, 깊은 숙면으로 피로를 말끔히 해소한다. 상쾌한 아침을 맞이해 다시 최상의 컨디션으로 일에 집중한다. 여가 활동을 즐길 때도 쉽게 몰입하기에 삶의 매 순간을 풍부하게 만끽할 수 있다. 스트레스를 받지 않으니 정신적으로 여유가 있고 인간관계도 원만하다. 결국 집중력은 일의 성과와 효율성을 높일 뿐 아니라, 건강한 생활 리듬과 풍요로운 인간관계까지 선물한다. 삶의 질을 결정짓는 핵심 열쇠인 셈이다.

집중력을 개선하면 스트레스가 사라지고 인생이 즐거워진다. 행복은 "건강한 신체, 원만한 대인관계, 성공과 부"가 결정한다. 집중력이 높은 사람은 이것을 모두 손에 쥘 수 있지만, 집중력이 부족하면 어느 것도 온전히 누리지 못한다. 즉 불행의 근본 원인은 대부분 집중력 부족에 있다.

간단한 훈련으로 집중력을 개선할 수 있다

그렇다면 집중력은 어떻게 높일 수 있을까? 뇌과학은 우리에게 희망적인 답을 제시한다. 뇌과학 연구에 따르면, 집중력은 전두엽이라는 특정 뇌 영역이 관장한다. 전두엽은 대뇌의 앞쪽 부위로 정보 처리와 추론, 행동 제어 등 고차원적 사고를 담당한다. 집중력이 부족한 사람은 대개 다른 인지 능력도 함께 떨어진다. 판단력이 흐려 의사결정이 더디고, 기억력과 창의력도 저하된다. "집중력은 떨어지지만 창의력은 뛰어나다"라는 말은 성립하기 어렵다. 이 모든 능력의 중심에 전두엽이 있기 때문이다.

학생이나 시민을 대상으로 하는 강연에서 집중력의 중요성을 강조할 때마다 "집중력은 선천적인 능력인가요, 후천적인 능력인가요?"라는 질문을 받는다. 타고나길 집중력이 부족하고 주의가 산만하다고 느끼는 사람일수록 자신이 나아질 수 있는지 알고 싶어 하는 것 같다. 실제로 주변에서 자신이 ADHD(주의력결핍 과잉행동장애)를 앓고 있어 산만한 편이라거나 경계성 지능장애(아이큐 70~85점 정도로 생활과 학습 등에 어려움을 겪는 증상)를 앓아 주의력과 집중력이 부족하다고 걱정하는 사람을 심심치 않게 볼 수 있다.

보건의료연구원의 조사에 따르면 통상적으로 전체 소아의 5~10퍼센트가 발달장애를 앓고 있다고 한다. 경계에 있는 사람까지 포함하면 10퍼센트를 넘는다. 특히 주목할 만한 것은 ADHD다. 발달장애의 대부분을 차지하는데, 이름 그대로 주의력이 떨어지고 과잉행동을 보이는 증상이다. 즉, 열 명 중 한 명은 태어날 때부터 집중력 문제를 안고 시작하는 셈이다.

그러나 최근 학계에서는 희망적인 연구 결과들이 쏟아지고 있다. 특히 신체 활동이 발달장애 증상 개선에 탁월한 효과가 있다는 사실이 밝혀졌다. 미국 뉴욕 호프스트라대학교의 매슈 모란드Matthew Morand 박사가 진행한 연구가 대표적이다. 8~11세 아동들을 대상으로 주 2회 이상의 신체 활동을 8주간 진행한 결과, 놀라운 변화가 관찰됐다. 평소 산만하던 아이들이 숙제와 예습을 성실히 하기 시작했고, 성적도 향상되었다. 수업 중 자리에서 일어나 돌아다니는 빈도도 줄었고, 학급 규칙도 예전보다 잘 지켰다. ADHD로 인한 집중력 장애 증상이 단 8주 만에 눈에 띄게 개선된 것이다.

미국 국립보건원의 장기 추적 연구는 더욱 고무적인 결과를 보여준다. 10대 시절 ADHD 진단을 받은 청소년들을 성인이 될 때까지 관찰한 결과, 절반 정도는 일반인과 다름없이 직장생활을 하며 자립적인 삶을 살고 있었다. 이는 어린 시절

발달장애를 겪었어도 주의력과 집중력 부족, 과잉행동 같은 증상이 얼마든지 개선될 수 있다는 증거다. 결국 집중력은 순전히 선천적인 능력이 아니다. 적절한 활동과 치료를 통해 누구나 개선할 수 있는 것이다. 집중력 부족으로 고민하는 모든 이에게 희망적인 메시지가 아닐 수 없다.

번아웃이던 내가 수입 3배 성장에, 폭발적인 성과를 거둔 비결

나 역시 살면서 집중력이 부족한 시기를 거쳤다. 대학교를 갓 졸업하고 종합병원에서 정신과 전문의로 근무하던 20대 후반 시절, 매일 넘쳐나는 일로 눈코 뜰 새 없이 바쁜 와중에도 밤 10시에 퇴근하고 나면 하루가 멀다 하고 술을 마시러 갔다. 늦게까지 놀다가 6시간도 못 자고 출근하는 날이 많았고, 잠이 부족하니 정신적으로 여유가 없어 함께 일하던 간호사들과 매일 부딪히며 크고 작은 갈등을 겪었다. 지금 생각해보면 명백히 뇌 피로에 따른 증상이었다.

그러다 2004년부터 3년간 미국 시카고 일리노이대학교로 유학을 떠나 새로운 세상을 만났다. 남들 시선은 개의치 않고 원하는 대로 살아가는 미국인들의 모습에 적잖은 자극을 받았고, 내가 하고 싶은 대로 살아보기로 결심했다. 학업을 마치고 일본으로 돌아와 내 이름을 걸고 '가바사와 심리학 연구소'를 설립한 것도 그 때문이었다. 당시 일본에는 상대적으로 생소했던 정신질환 관련 정보를 대중이 이해하기 쉽게 전달하는 것, 그것이 내가 세운 비전이었다.

처음 연구소를 차렸을 때는 1인 기업이었기에 내 업무 능력은 그대로 실적이 되었고, 실적이 수입으로 이어졌다. 두 배 일하면 두 배의 수입을 얻었다. 집중력을 높여 효율적으로 일하면 수입은 저절로 따라온다는 사실을 그때 깨달았다.

나는 집중력 개선을 위한 규칙을 세웠다. 하루 8시간 이상의 수면 시간 확보, 주 2~3회 이상의 피트니스 센터 운동이 시작이었다. 그 결과 나의 집중력은 폭발적으로 향상했다. 이 책에 담긴 다양한 생활 습관은 내가 15년간 직접 실천하며 검증한 것들이다.

나는 지금도 구독자 58만 유튜브 채널을 운영하며 꾸준히 콘텐츠를 업로드하고 뇌과학 관련 뉴스레터를 정기적으로 발행하고 있다. 동시에 매년 세 권 이상의 책을 집필한다. 그렇게 산 지 벌써 10년이 넘었다. 작년에는 다섯 권의 책을 집필해 최고 기록을 세우기도 했다.

이제 나이를 먹어 환갑을 앞두고 있지만 연구소 설립 초기의 2004년보다 업무 능력은 세 배쯤 좋아졌고 수입도 세 배로 늘었다. 건강 상태도 훨씬 좋아 예전보다 오래 책상 앞에 앉아 일해도 힘들지 않다. 가족과 동료 등 주변 사람들과 원만하게 잘 지내며 돈도 만족스러울 만큼 번다. 건강, 인간관계, 성공이라는 세 마리 토끼를 모두 잡아 그야말로 하루하루 즐겁고 행복하게 살고 있다.

이 책은 매일 일에 치이고 지쳐 술을 찾던 병약한 의사였던 내가 최고의 컨디션에 도달하기까지 실천한 방법들을 정리한 지침서다. 정신없는 일상을 보내는 당신, 과도한 스트레스로 모든 것을 내려놓고 싶은 당신, 능력을 개발해 성장하고 싶은 당신에게 이 책은 새로운 길을 열어줄 것이다. 집중력은 결코 타고나는 것이 아니다. 뇌과학적 접근과 올바른 습관만 있다면 누구나 성장할 수 있다. 이제 당신의 잃어버린 집중력을 되찾을 시간이다.

가바사와 시온

차례

PART 2 중요한 것만 정확하게 기억하는 입력의 기술

PART 5 　필요한 것만 남기고 모두 비우는 뇌 맞춤 정리법

PART 1

당신의 뇌가 경험하는
가장 강력한 순간,
몰입의 비밀

뇌는 어떻게 집중력을 발휘할까?

뇌과학을 알면 집중력을 높일 수 있다.

지금부터 뇌과학에서 말하는 궁극의 경지인

'몰입'에 들어가기 위한 기본 개념을 살펴보자.

1
디지털 블랙홀에서
당신의 뇌를 구하라

당신의 집중력이 위험하다

우리의 손안에서 집중력이 새어나가고 있다. 한 충격적인 조사 결과에 따르면, 일상적인 스마트폰 사용 시간이 불과 5년 만에 100분에서 175분으로 급증했다. 스마트폰 보급률 역시 80.4퍼센트에서 97.1퍼센트로 치솟았다. 이제 스마트폰은 선택이 아닌 필수가 되었고, 그만큼 우리의 집중력은 급격히 떨어지고 있다.

특히 우려되는 것은 아이들의 스마트폰 노출이다. 요즘 아이들은 텔레비전 만화보다 스마트폰 속 애니메이션과 게임에 더 익숙하다. 음식점, 카페, 공원 어디서든 어린아이가 스마트폰에 과몰입하는 모습을 흔히 본다. 하지만 과학자들은 유년기의 과도한 스마트폰 사용이 뇌 발달에 악영향을 미쳐 집중력 장애로 이어질 수 있다고 경고한다. 또한 스마트폰 사용 시간이 길어질수록 아이들의 학업 성취도는 낮아지고, 우울증과 불안장애 발병률은 증가하며 심지어 자살률이 높아진다는 충격적인 연구 결과도 있다.

텍사스대학교 오스틴캠퍼스의 에이드리언 워드Adrian Ward 교수 연구팀은 더 놀라운 사실을 밝혀냈다. 스마트폰을 실제로 사용하지 않아도, 단지 시야에 있거나 손이 닿는 곳에 두기만 해도 집중력을 떨어뜨린다는 것이다. 연구팀은 800명의 피실험자를 세 그룹으로 나누어 A그룹은 스마트폰을 책상 위에, B그룹은 주머니나 가방 안에, C그룹은 다른 방에 두게 하고 주어진 시간 동안 얼마나 집중해서 문제를 푸는지 실험을 진행했다. 그 결과 C그룹이 월등한 점수를 기록했다. 즉 스마트폰은 직접 사용하지 않고 단지 눈에 보이거나 손에 닿는 곳에 두기만 해도 집중력에 부정적인 영향을 주었다. 스마트폰은 현대인의 집중력을 빼앗는 주범이다. 더 늦기 전에, 지금이라도 빼앗긴 집중력을 되찾아야 한다.

스마트폰이 삼킨 우리의 집중력

코로나19 팬데믹을 계기로 전 세계에 원격 근무와 재택근무가 빠르게 자리 잡았다. 원격 근무 중에는 하루 업무량과 일 진행 상황을 직접 관리해야 한다. 평소 할 일을 목록으로 정리하고 순차적으로 처리하는 습관이 있다면 원격 근무는 출근보다 효율적이다.

그러나 상사의 지시를 받아 일하는 데 익숙하거나 집중력이 부족한 사람에게는 원격 근무가 새로운 도전이 될 수 있다. 집에서 혼자 일하다 보니 집중력이 떨어져 다른 일로 빠지기 쉽고, 마음이 해이해져 업무 시간은 오히려 늘어난다. 스마트폰 알림도 집중을 방해한다. 실제로 원격 근무로 인해 심리적인 어려움을 호소하는 사람이 많았고, 회사에 출근하는 것보다 더 큰 압박감을 받는다는 사람도 적지 않았다.

코로나19는 사람들의 근무 형태뿐만 아니라 여가 활동도 바꾸었다. 사회적 거리두기로 외부 활동을 하지 못하니 넷플릭스나 아마존 프라임 같은 온라인 동영상 서비스OTT가 인기를 끌었다. 나도 영화와 드라마를 좋아해 자주 시청하곤 했는데, 무심코 드라마를 재생했다가 자제하지 못하고 마지막 화까지 한 번에 정주행하는 일이 반복되자 경각심이 들었다. 내

일 일정은 까맣게 잊은 채 새벽 3시까지 스마트폰만 붙잡고 드라마를 시청하니 다음 날 머리가 멍하고 일에 집중하기 어려웠기 때문이다.

이런 현상은 집에서만 일어나지 않는다. 지하철에 타면 거의 모든 사람이 스마트폰을 들여다보고 있다. 영상을 보는 사람뿐 아니라 게임을 하는 사람도 많고, 걸어가면서 스마트폰을 사용하는 사람도 흔히 볼 수 있다. 우리는 어느새 스마트폰 중독의 시대를 살고 있다.

연구에 따르면 한 번 흐트러진 집중력을 회복하는 데는 최소 15분이 필요하다. 15분마다 스마트폰을 확인하는 현대인들은 사실상 종일 집중력 결핍에 시달리는 셈이다. 과연 이런 상태에서 일을 제대로 해낼 수 있을까?

인공지능이 불러온 중독의 시대

더 우려되는 것은 AI 기술의 발전이다. OTT 서비스들은 시청자의 모든 행동을 데이터화한다. 심지어 드라마의 어느 장면에서 얼마나 많은 시청자가 이탈하는지까지 분석한다. 이 데이터는 AI 알고리즘으로 처리되어 더욱 중독성 강한 콘텐츠 제작에 활용된다. 한번 시작하면 절대 멈추거나 끊을 수 없는 드라마와 게임이 끊임없이 쏟아져 나오는 이유다.

누군가는 오늘날을 즐길 것이 넘쳐나는 '엔터테인먼트의 황금시대'라고 한다. 하지만 정신과 전문의인 내 눈에는 그저 중독의 시대로 보일 뿐이다. 지금은 스마트폰 중독, OTT 중독, 디지털 중독의 시대다. 광고 링크를 잘못 눌러 온라인 카지노에 접속했다가 도박 중독에 빠지는 사람, 인터넷 쇼핑을 하다가 쇼핑 중독에 빠지는 사람도 보았다.

스마트폰은 순간적이고 말초적인 자극으로 사람들을 중독으로 이끈다. 자극적일수록 끊기 어려운 법이다. 이런 현상의 핵심에는 도파민Dopamine이 있다. 재미있거나 즐거운 경험을 할 때 분비되는 이 호르몬은 강한 중독성을 지닌다. 도파민이 지속적으로 분비되면 뇌는 더 의존하게 되고, 더 강한 자극을 갈구한다. 스마트폰이 제공하는 끝없는 즐거움은 바로 이 도파민을 통해 우리의 뇌를 사로잡는다. 그렇게 스마트폰 중독에 빠지는 것이다.

정신과 진료실에서 마주하는 환자들의 이야기는 놀랍도록 비슷하다. 대부분이 밤늦게까지 스마트폰에 매달려 있었다고 고백한다. 새벽까지 이어지는 동영상 시청과 게임으로 수면리듬이 깨지고, 심각한 경우 완전히 밤낮이 뒤바뀐 생활을 하게 된다. 당연하게도 아침에 정상적인 컨디션으로 일어나 출근하기 어렵다. 이때부터 차츰 심리적으로 무너진다. 원격 근무 중 정신적인 스트레스를 호소하는 사람도 대부분 이런 과정을 거친다.

수면 시간이 부족하거나 밤낮이 바뀌면 집중력이 떨어지기 때문에 생산성도 떨어질 수밖에 없다. 업무를 제대로 처리하지 못해서 부담을 느끼고, 부담은 스트레스로 이어진다. 마치 균열이 생긴 댐처럼, 어느 순간 한계점을 넘어서면서 정신 건강이 무너져 내린다. 결국 자기통제력을 상실하게 되는 것이다. 집중력이란 단순히 책상 앞에 오래 앉아 일하는 능력만을 뜻하지 않는다. 디지털 세상의 무수한 유혹으로부터 자신을 지켜내는 방패이기도 하다. 이 방패가 사라진 사람은 결국 인생의 내리막길을 걸을 수밖에 없다.

우리는 지금 디지털 혁명의 한가운데 있다. 챗GPT 같은 인공지능 기술이 널리 보급되어 유용하게 쓰인다. 하지만 아무리 기술이 발전해도 모든 것을 기계가 대체할 수는 없다. 온갖 새로운 기술이 등장했지만 기술을 제대로 활용하기 위해서 역설적으로 집중력이 더 중요해졌다. 인류 역사상 지금만큼 집중력이 중요했던 시대는 없었다.

2
집중력이 떨어지는
순간을 알려주는 경고 신호들

피로가 쌓이면 집중할 수 없다

집중력이 그렇게 중요한데 우리는 왜 집중하지 못할까?

사람의 집중력은 아침에 가장 높고 오후와 저녁으로 넘어가면서 점점 떨어진다. 이는 인류가 긴 시간 유지해온 생체 리듬이자 자연의 섭리이기도 하다. 수면 중 충분한 휴식을 취한 뇌는 아침에 최고의 집중력을 발휘하지만, 시간이 흐르면서 자연스레 그 능력이 감소한다. 또한 바쁘게 일하며 머리를 계속 쓰면 집중력이 점점 떨어진다. 이렇게 생활 속에서 자연스럽게 집중력이 떨어지는 현상을 다른 말로 '피로'라고 한다. 피로가 쌓인다는 말은 곧 집중력이 떨어진다는 말과 같다. 다행히도 이런 일상적인 피로는 적절한 휴식만으로도 회복된다.

집중력에는 특유의 리듬과 파형波形이 있다. 오전에는 집중이 잘 되고 오후에는 집중이 덜 된다. 집중하기 위해서는 이 흐름을 거스르지 않고 자연스럽게 올라탄다는 느낌으로 일해야 한다. 중요한 일은 오전에 하고, 메일 확인과 같이 집중력 없이도 할 수 있는 일은 오후에 하라는 것이다. 집중의 파형에 몸을 맡기면 업무 효율을 극대화할 수 있다.

번아웃 직전, 전두엽이 보내는 SOS

만약 최근 몇 주간 계속해서 일이 많아 야근을 하고 자정이다 되어 겨우 퇴근하는 상황이 이어졌다면 당신은 이미 만성 피로에 시달리고 있는지도 모른다. 만성 피로는 당장 질병으로 번지지는 않지만 뇌를 회복하기 어려운 상태로 만든다. 이를 '뇌 피로'라고 한다. 뇌 피로는 주로 스트레스를 받을 때 쌓인다. 스트레스 호르몬인 코르티솔Cortisol이 과다 분비되어 집중력과 인지 기능의 저하를 불러오는 것이다. 코르티솔에 대해서는 5장에서 자세히 살펴보겠다.

전두엽과 뇌간을 비롯해 뇌의 여러 부위가 주의력과 집중력에 영향을 미치지만, 그중 가장 중요한 부분은 전전두엽, 즉 전두엽 앞 피질 영역이다. 이 부분의 혈류량이 줄면 집중력이 떨어진다. 실제로 우울증 환자의 뇌를 검사해보면 전전두엽 혈류량의 급격한 감소와 당 대사 능력 저하가 확인된다. 다시 말해 뇌 피로 상태에서 우울증으로 번지는 과정에 전전두엽의 기능이 떨어지면 주의력과 집중력을 전혀 발휘할 수 없는 상태가 된다.

집중력을 관장하는 핵심 호르몬은 노르아드레날린이다. 노르아드레날린Noradrenaline이 분비되면 심장 박동이 빨라지고 뇌 혈류량이 증가하면서 신속하게 반응할 수 있는 각성 상태가 된다. 반면 분비량이 감소하면 주의력과 집중력이 떨어져 실수가 잦아지고 업무나 공부에 오래 집중하지 못한다. 만성적인 스트레스로 뇌 피로가 쌓이면 노르아드레날린이 제대로 분비되지 못해 집중력은 더욱 저하된다.

우울증 환자의 뇌를 보면 노르아드레날린이 완전히 고갈된 경우가 많다. 우울증 초기에 건망증처럼 무언가를 잊거나 실수하는 일이 많아지는 이유도 노르아드레날린이 부족하기 때문이다. 다시 말해 뇌 피로가 쌓이고 노르아드레날린이 분비되지 않으면 집중력이 떨어지고 심한 경우 우울증으로 번지기도 한다. 우울증과 집중력 부족은 같이 오는 현상이다. 쌓인 뇌 피로를 그때그때 풀어주어야 이를 방지할 수 있다.

뇌의 RAM이 꽉 찼다

집중력이 떨어지는 또 다른 이유는 뇌의 작업 기억Working Memory 용량이 부족해지는 데 있다. 작업 기억은 눈, 귀 등 감각 기관을 통해 받아들인 정보를 머릿속에 잠시 보관하고 처리하는 능력으로, 뇌가 정보를 받아들이는 입구와 같다. 쉽게 말해 경험한 것을 몇 초 동안 머릿속에 유지하며 저장하거나 인출하는 기능으로 추론, 의사 결정, 행동에 크게 영향을 미친다.

작업 기억은 종종 단기 기억과 혼동되지만, 둘은 명확히 다르다. 단기 기억이 정보를 단순히 짧은 시간 동안 저장하는 데 그친다면, 작업 기억은 정보를 조작하고 활용하는 능력을 포함한다. 즉 작업 기억이 조금 더 심화된 개념이다.

뇌의 작업 기억 용량이 부족해지면 실수를 저지르거나 깜빡 잊는 일이 잦아진다. 어떤 일을 인지하고 받아들이는 단계부터 정체가 발생하니 주의력과 집중력도 떨어질 수밖에 없다. 작업 기억이 부족해지는 원인은 앞서 살펴본 것처럼 일상에서 받는 스트레스와 피로 때문이다. 물론 선천적으로 작업 기억력이 부족한 사람도 있다. 그러나 걱정할 필요는 없다. 일상 속에서 실천할 수 있는 간단한 활동들로도 작업 기억력을 향상시킬 수 있기 때문이다. 작업 기억의 구체적인 메커니즘과 개선 방법에 대해서는 2장에서 자세히 다룰 것이다.

3
집중에서 몰입으로
도약하기

주의력과 집중력의 차이

주의력과 집중력, 이 두 용어는 어떻게 다를까? 주의력은 짧은 순간, 1초라는 찰나에 의식을 모으는 능력이라면, 집중력은 이런 순간의 주의력이 모여 지속되는 힘이라고 할 수 있다. 마치 1초가 60번 모여 1분이 되듯, 순간의 주의력이 연속되어 만들어지는 것이 바로 집중력이다. 구체적인 정의에는 이런 차이가 있지만, 보통 주의력과 집중력을 비슷한 개념으로 여기고 함께 다룬다.

집중의 뇌과학

두 능력 모두 건강한 뇌가 스트레스와 피로에 노출되면서 저하된다는 점은 동일하다. 최근 들어 일에 집중하기 어렵다면, 이는 당신의 뇌가 보내는 경고 신호다. 방치하면 집중력 저하를 넘어 우울증과 같은 정신질환으로 발전할 수도 있다. 따라서 뇌 피로가 감지되는 순간, 즉각 대처가 필요하다. 충분한 수면과 휴식 그리고 스트레스 요인 제거가 핵심이다.

최고조를 거쳐 몰입에 들어가는 기술

여기까지 읽고 '나는 건강하고 스트레스도 받지 않으니 집중력을 잃을 걱정은 없겠군'이라고 생각하는 사람도 있을 것이다. 그러나 단순히 건강을 유지하는 것만으로는 부족하다. 몸과 정신에 병이 없다고 두뇌 기능까지 뛰어난 것은 아니다. 신체적으로 건강하고 뇌에 이상이 없지만 선천적으로 집중력이 부족한 사람도 있다. 우리의 진정한 목표는 건강함을 넘어선 그다음 단계다.

다음 페이지에 사람의 건강 상태를 표현한 그림이 있다. 중앙을 보면 '건강'이라는 단계가 보인다. 당신이 스트레스를 받지 않고 건강하게 살고 있다면 당신의 집중력은 이 단계에 있을 확률이 높다. 그런데 '건강'보다 더 높은 단계가 있다.

건강의 다음 단계를 '최고조'라고 부르기로 한다. '웰빙'이라는 개념으로 이해하면 쉽다. 웰빙은 육체와 정신이 건강할 뿐만 아니라 사회적이나 경제적으로도 만족스러운 상태를 의미한다. 쉽게 말해 병에 걸리지 않은 것은 기본이고 일과 인간관계에도 아무 문제가 없는, 더할 나위 없이 안정적이고 행복한 상태를 뜻한다. 한마디로 최상의 컨디션에 아무런 걱정도 없는 상태다.

최고조 상태에는 집중력이 높아 뛰어난 능력을 발휘할 수 있다. 회사에서 좋은 평가를 받아 충분한 경제적 보상이 뒤따른다. 정서적으로 안정적이고 마음에 여유가 생겨 다른 사람

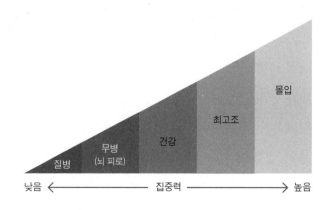

그림 1. 건강 상태에 따른 집중력의 정도

몰입

최고조

건강

무병
(뇌 피로)

질병

낮음 ← ──── 집중력 ──── → 높음

을 돌아보고 너그럽게 대할 수 있다. 우리는 단순히 건강 단계에 머무르지 말고 건강과 대인관계, 부와 성공까지 모두 갖춘 완벽한 상태, 최고조에 이르도록 노력해야 한다.

그렇다면 최고조 단계에 도달하면 만족해도 될까? 그림에서 확인할 수 있듯이 최고조보다 더 높은 단계가 있다. 이 단계는 '몰입', 다른 말로 '존Zone에 들어간 상태'다. 스포츠 선수들이 말하는 '존'은 집중력이 극에 달해 평소 이상의 능력을 발휘할 수 있는 상태를 의미한다. 긍정심리학의 대가 미하이 칙센트미하이가 연구한 '몰입Flow' 개념에서 파생된 이 상태에는 모든 잡념이 사라지고 무아지경이 되며 최고의 기량을 뽐낼 수 있다.

열심히 일하다가 정신을 차리니 어느새 몇 시간이 지나 있고, 그런데도 전혀 피곤하지 않았던 경험이 있는가? 몰입 단계에 진입한 것이다. 이때는 힘든 것을 참으며 억지로 노력하지도 않았는데 일이 수월하게 끝나 있고, 심지어 평소보다 완성도도 높다.

몸과 마음의 상태가 최고조에 이르면 자연스럽게 다음 단계인 몰입으로 넘어가기도 한다. 나도 지금 몰입의 단계에 도달해 이 글을 쓰고 있다. 무엇을 쓸지 고민하며 쥐어짜는 것이 아니라 쓸 말이 술술 나오는 상태다.

몰입은 한 사람이 최고의 능력을 발휘할 수 있도록 고조된 상태다. 필요할 때마다 의식적으로 몰입하는 사람은 자신의 잠재력을 온전히 활용하고 있는 것이다. 우리는 집중력 향상을 위해 궁극의 경지, 최고조를 넘어 그 위에 존재하는 '몰입'의 영역에 도달해야 한다.

뇌과학이 밝혀낸 몰입의 메커니즘

사람의 뇌는 입력, 사고, 정리, 출력의 과정을 거쳐 정보를 처리한다. 예를 들어 소설책을 읽고 감상문을 쓴다고 해보자. 책을 펼치고 내용을 파악하며 읽는 과정이 바로 '입력'이다. 주인공의 심정이 어떨지, 다음에는 어떤 일이 벌어질지 나름대로 예상하며 상상의 나래를 펼치는 단계가 바로 '사고'다. 그러다 등장인물이 점점 늘어나고 이야기 전개가 복잡해지면 잘 이해하기 위해 머릿속으로 그림을 그리거나 요약하는데, 이 과정이 '정리'다. 책을 다 읽고 머릿속에 정리한 내용으로 감상문을 쓰는 것이 '출력'이다.

회사 업무도 마찬가지다. 상사에게 업무 지시를 받아서(입력), 그 업무를 처리하기 위해 어떤 과정이 필요할지 고민한 뒤(사고), 생각한 과정에 따라 업무를 처리하고(정리), 진행 내용을 바탕으로 결과물을 작성해 제출한다(출력). 입력부터 출력까지의 과정을 효율적으로 진행하면 업무 성과는 저절로 높아진다. 이때 다른 일이나 잡념에 주의를 빼앗기지 않고 주어진 일을 빠르게 처리하는 능력이 바로 집중력이다.

입력-사고-정리-출력 과정을 자연스럽게 거치면 어느 순간 몰입에 도달한다. 몰입을 의미하는 영어 단어 Flow의 사전적 정의는 '흐름'이다. 입력에서 출력까지 물 흐르듯 자연스럽게 이어질 때, 우리는 시간 가는 줄도 모르고 주어진 일에 깊이 빠져든다. 몰입이란 바로 이 흐름의 지속이자 완성이다.

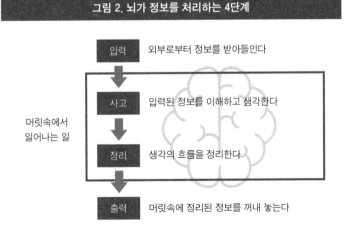

그림 2. 뇌가 정보를 처리하는 4단계

입력   외부로부터 정보를 받아들인다

머릿속에서
일어나는 일

사고   입력된 정보를 이해하고 생각한다

정리   생각의 흐름을 정리한다

출력   머릿속에 정리된 정보를 꺼내 놓는다

4
몰입형 인재의
9가지 습관

몰입의 순간, 우리는 능력과 잠재력을 유감없이 발휘할 수 있다. 그렇다면 어떻게 건강과 최고조의 단계를 거쳐 궁극의 몰입 상태에 도달할 수 있을까?

몰입은 단순히 의지의 문제가 아니다. 몰입이 잘 되는 조건은 따로 있고, 원할 때마다 몰입하기 위해서는 끊임없는 연습이 필요하다. 첫걸음은 주변 환경과 사고방식을 몰입에 최적화하는 것이다. 몰입하기 위한 준비 단계와 실행 단계로 나누어 구체적인 방법을 살펴보자.

최상의 컨디션을 만드는 6가지 최적화 세팅

일을 시작하기 전에는 일단 몰입하기 좋은 환경을 만들어야 한다. 컨디션 관리, 일정 관리, 주변 정리 정돈 등이 선행되면 한결 집중해서 일할 수 있다. 몰입을 위한 구체적인 환경을 하나씩 살펴보자.

① 일하기 좋은 컨디션 만들기

몸과 마음은 늘 건강한 상태를 넘어 최고조에 이르도록 해야 한다. 하루 수면 시간이 6시간 이하인 사람은 뇌의 피로를 회복하지 못할 가능성이 높다. 뇌가 회복하지 못하면 오전부터 집중력이 떨어지고 어느 것에도 몰입할 수 없게 된다. 따라서 잠은 충분히 자고 아침에 일어나면 적당한 운동이나 산책으로 몸과 정신의 건강을 유지해야 한다. 평소 규칙적인 생활 습관을 들여놓는 것이 바람직하다.

② 일정 비우기

일정은 될 수 있으면 비워두어야 한다. 몰입해서 일하면 시간 가는 줄 모르고 지속하게 되기 때문이다. 2시간 후에 온라인 미팅이 잡혀 있다는 사실만으로도 몰입은 방해받는다. 경험상 일정이 없는 날에 일에 몰입할 확률이 높았다. 중요한 일이 있다면 하루를 온전히 그 일에만 투자하라. 몰입에는 충분한 시간이 필요하다.

③ 주변 정돈하기

책상 위에는 일에 필요한 물건만 두는 것을 추천한다. 다른 물건이 있으면 눈에 띄기 마련이고 결국 잡념으로 이어지기 때문이다. 정리 정돈은 집중력을 준비하는 필수 단계다. 방 전체를 정리하기 어렵다면 최소한 책상 위라도 깨끗하게 유지해야 한다. 나는 카페, 공유 오피스 등 외부 공간에 자주 나가서 일하는데 그때마다 꼭 필요한 물건만 가지고 가서 당장 쓸 물건만 책상 위에 올려둔다. 그러면 가장 집중하기 좋은 환경이 완성된다.

④ 스마트폰 치우기

스마트폰은 당신의 몰입을 깨뜨리는 가장 주의해야 할 방해물이기에 일을 시작하기에 앞서 원천 차단해야 한다. 그러기 위해 전원을 끄고 가방 안에 넣어두길 권한다. 사물함이나 보관함 등 책상과 멀리 떨어져 손이 닿지 않는 곳에 두는 것도 좋은 방법이다. 나는 일하다가 꼭 필요한 상황이 아니라면 스마트폰을 꺼내지도, 인터넷에 접속하지도 않는다. 와이파이조차 아예 끄고 알림이 오는 것도 차단해버린다. 기억하라, 집중을 방해하는 가장 큰 적은 스마트폰이다.

⑤ 조용한 환경 만들기

집중하기 위해서는 조용한 환경을 조성해야 한다. 나는 카페나 공유 오피스에 갈 때 언제나 귀마개를 챙긴다. 가끔 노래를 들으며 일하고 싶으면 주변 소음을 차단하는 노이즈캔슬링 이어폰을 사용하기도 한다. 집중하고 있는데 시끄러운 소리가 들리거나 누군가 말을 걸어 몰입이 깨지는 일을 방지하기 위해서다. 모든 방해물을 차단하고 나만의 장소에 고립된 듯한 환경을 만들면 쉽게 몰입할 수 있다.

⑥ 투두리스트 작성하기

투두리스트는 몰입의 강력한 조력자다. 할 일을 모두 정해두면 머리로 생각할 필요 없이 바로 실행할 수 있기 때문이다. 어떤 일을 하면서 다음에 무슨 일을 할지 고민하는 순간 몰입이 깨진다는 사실을 기억하자. 투두리스트 작성법과 활용법은 3장에서 상세히 설명하겠다.

몰입의 3가지 조건: 맑은 뇌, 적정 난도, 한 우물

최적의 환경을 조성했다면 이제 실전이다. 몰입은 단순한 집중을 넘어 한 곳에 온 정신과 에너지를 쏟는 상태다. 미하이 칙센트미하이는 몰입할 때 '물 흐르는 것처럼 편안한 느낌'이 든다고 설명한다. 자연스럽게 일에 빠져들기 위해 세 가지 조건이 필요하다.

① 잡념 제로 상태에 진입하기

일하다 보면 머릿속이 맑아지고 물 흐르듯이 진행되는 순간이 온다. 그때가 바로 몰입의 단계다. 이를 위해서는 현재 하는 일 외의 모든 것을 잡념으로 규정하고 차단해야 한다. 주변의 모든 사물, 소리, 환경은 당신의 몰입을 방해하는 적이다. 오직 눈앞의 일에만 집중하라.

② 난도 높은 일에 집중하기

몰입하기 위해서는 간단히 해결할 수 있는 쉬운 일보다 강도 높고 어려운 일을 하는 것이 좋다. 조금 벅차지만 노력해서 해결할 수 있는 수준의 업무나 과제가 가장 적절하다. 내 경험으로는 마감이 가까울 때 가장 강력한 몰입에 도달했다.

한 달 후의 강연 준비보다 3일 안에 원고를 완성해야 할 때 더 깊이 몰입할 수 있었다. 매일 하는 평범하고 일상적인 일, 간단한 일에는 몰입하기 어렵다. 다만 같은 일도 시간제한을 두거나 마감을 앞당기는 방식으로 난도를 올릴 수 있다.

③ 한 번에 한 가지 일만 하기

멀티태스킹을 하며 몰입하기란 불가능하다. 이 일 저 일 오가는 순간 잡다한 정보가 끼어들어 주의력과 집중력이 분산되기 때문이다. 예술가나 장인이 무아지경에 빠지는 이유는 하나의 작품, 하나의 목표에 모든 에너지를 쏟아붓기 때문이다. 진정한 몰입을 원한다면 장인의 마음가짐으로 한 가지 일에만 집중하라.

앞으로 몰입의 조건을 뇌의 정보 처리 과정에 맞춰 더 깊이 살펴볼 것이다. 정보의 입력부터 처리, 정리, 출력까지 단계별로 필요한 구체적인 기술과 노하우를 소개할 예정이다. 이 방법들을 하나씩 실천하다 보면, 어느 순간 당신도 시간을 잊고 일에 빠져드는 진정한 몰입의 경지에 도달할 것이다.

자, 이제 최상의 몰입을 향한 여정을 시작하자.

핵심 정리

① AI 시대에 집중력은 중요한 화두다. 스마트폰을 자주 오래 사용할수록 집중력이 떨어진다. 집중력이 떨어지며 덩달아 업무 효율도 떨어져 성과를 내지 못하는 사람이 많다.

② 집중하지 못하는 이유는 크게 세 가지, 생체 리듬에 따라 신체 피로가 쌓여서, 뇌 피로가 쌓여 집중력 호르몬 노르아드레날린이 적절히 분비되지 않아서, 작업 기억 용량이 부족해서다. 집중력을 발휘하고 싶다면 신체와 뇌의 건강을 잘 관리해야 한다.

③ 집중의 정도에 따라 '최고조'와 '몰입'의 상태에 도달한다. 최고조 상태에는 주어진 업무와 과제를 높은 수준으로 해낼 수 있고, 몰입 상태에 도달하면 잠재력을 발휘해 가장 뛰어난 성과를 낼 수 있다.

④ 몰입하기 위해서는 일단 좋은 컨디션을 유지해야 한다. 일하기 전에 책상을 비롯해 주변을 정돈하는 것이 좋고, 일을 시작한 뒤에는 잡념이 끼어들지 않도록 한 번에 한 가지 일만 해야 한다.

PART 2

중요한 것만 정확하게
기억하는 입력의 기술

높은 집중력은 정보를 정확히

인식하고 처리하는 데 필수적이다.

이를 통해 잘못된 이해나

불필요한 재확인을 줄일 수 있다.

이제 과학적으로 검증된 집중력 향상법을 살펴보자.

1
작업 기억을 효율적으로
활용하는 방법

집중력을 결정하는 첫 단추, 작업 기억력

작업 기억Working Memory은 뇌가 정보를 받아들이는 입구와 같다. 이는 집중의 시작점이자 정보 처리의 핵심 메커니즘으로, 그 특성을 이해하는 것이 무엇보다 중요하다.

강연이나 상담을 하다 보면 "일이나 공부에 집중하지 못한다"며 고민을 털어놓는 사람들을 자주 만난다. 이들의 공통된 어려움 중 하나는 하려던 일을 자주 깜빡한다는 점이다. 하지만 방에 들어가서 "내가 뭘 찾으러 왔지?"라고 멍해지는 정도는 누구에게나 흔히 있는 일이다.

보통 건망증은 뇌에 과부하가 걸렸을 때 발생한다. 길을 걸으며 생각에 잠기거나 스마트폰에 정신이 팔리면 순간적으로 뇌에 들어오는 정보가 지나치게 많아질 때가 있는데, 이때 교통 체증처럼 정보의 병목 현상이 일어난다. 인간의 뇌는 방대한 정보를 보관하는 기억 체계를 가지고 있지만, 정보가 들어오는 입구는 매우 좁기 때문이다.

작업 기억은 뇌로 들어온 정보를 잠시 보관하며 해당 정보를 바탕으로 사고, 계산, 판단 등의 작업을 수행하는데, 이런 정보 처리에 걸리는 시간은 최대 30초 정도로 매우 짧다. 잠시 기억했다가 정보 처리가 끝나면 바로 삭제하고 다음 정보를 받아들여 새롭게 저장하기 위해서다. 비유하자면 작업 기억은 램 메모리RAM, 장기 기억은 하드디스크HDD인 셈이다. 컴퓨터는 정보를 처리할 때 임시 메모리에 저장했다가 끝나면 바로 해당 정보를 지우고 다른 정보를 저장한다. 이 과정이 우리의 뇌 속에서 끊임없이 반복된다. 이를테면 친구의 전화번호를 듣고 스마트폰에 저장하기 전까지는 기억하고 있다가 저장하는 순간 머릿속에서 해당 정보를 지우는데, 이때 사용하는 능력이 작업 기억력이다.

퇴근까지 얼마 남지 않았는데 다섯 건의 업무를 더 해야 한다고 가정해보자. 상황이 급박할수록 뇌는 초조해진다. 정신 없이 일을 처리해도 도저히 끝낼 수 없는 상황에 놓이면 머릿속이 하얗게 변하고 아무런 생각도 할 수 없다. 이를 공황 상태Panic라고 한다. 반면 처리해야 하는 업무가 세 건뿐이고 아주 쉬운 일이라면, 뇌는 조급함을 느끼지 않고 여유롭게 끝낼 수 있다. 즉, 공황은 작업 기억의 용량이 부족할 때 발생한다. 컴퓨터로 치면 메모리가 부족해 작동이 불안정해진 상태와 같다. 작업 기억이 한계에 다다르면 집중력 저하뿐만 아니라 실수와 성과 저하로 이어진다. 따라서 이를 효과적으로 관리하고 강화하는 기술이 필요하다.

그림 3. 뇌의 정보 처리 입구, 작업 기억

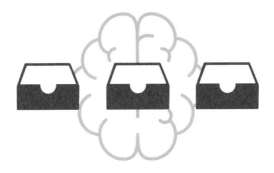

인간의 뇌에는 평균적으로 세 개의 상자가 있다.
상자의 개수가 작업 기억의 용량이다.

앞의 그림처럼 우리 뇌에 세 개의 상자가 들어 있다고 상상해보자. 각 상자에는 처리해야 할 서류(정보)가 담긴다. 일 처리가 끝나면 해당 상자에서 서류를 꺼내고 다시 새로운 서류를 넣는 식이다. 단, 상자가 세 개뿐이기 때문에 다섯 건의 서류는 동시에 처리할 수 없다. 억지로 처리하려 하면 결국 업무 불능 상태에 빠지고, 처리하지 못한 정보가 계속 쌓여 뇌에 과부하가 걸린다. 여유가 없고 초조할 때 깜빡 잊어버리거나 실수를 저지르는 가장 큰 원인은 작업 기억의 용량 부족 때문이다.

작업 기억의 용량은 늘릴 수 있다

어릴 때부터 주의력이 부족해 고민이었던 사람은 작업 기억의 용량이 다른 사람보다 작을 가능성이 있다. 쉽게 말해 다른 사람들은 세 개씩 지니고 있는 뇌 속 상자가 두 개뿐인 것이다. 이런 사람의 뇌는 한꺼번에 처리할 수 있는 정보의 양이 남들보다 적으니 당연하게도 항상 바쁘게, 늘 최대치로 돌아가야 한다. 도저히 여유를 느낄 틈이 없다. 조금이라도 일이 많아지면 주의력이 분산되니 작업이 순조롭게 진행될 리

집중의 뇌과학

가 없고 실수를 빈번하게 저지른다.

반면 여러 가지 업무를 동시에 차근차근 원활하게 잘 진행하는 사람이 있다. 어느 조직에나 있는 유난히 일머리가 좋은 사람이다. 그들의 작업 기억 용량은 다른 사람보다 클 확률이 높다. 일반적으로 세 개인 뇌 속 상자가 그들에게는 네 개인 것이다. 덕분에 많은 일을 진행하면서도 혼란을 겪거나 과부하가 걸리지 않는다.

항상 일에 치여 허덕이는 사람과 무슨 일이든 해내는 능력 있는 사람, 당신은 어떤 사람이 되고 싶은가? 대부분은 둘 사이에 타고난 능력차가 있다고 생각하지만 사실 그렇지 않다. 방금 설명했듯이 일을 효율적으로 해내는 사람은 그저 작업 기억 용량이 남들보다 조금 클 뿐이다.

좋은 소식은 누구든 나이와 상관없이 연습으로 작업 기억의 용량을 늘릴 수 있다는 것이다. 꾸준히 연습하면 누구나 효율적으로 일하는 능력 있는 사람이 될 수 있다. 다만 한 가지 전제 조건이 있다. 뇌가 충분히 휴식을 취해야 한다는 것이다. 과도한 업무로 피로가 누적되면 원래 작업 기억 용량이 큰 사람도 일시적으로 능력이 떨어질 수 있으니 주의해야 한다. 타고나길 작업 기억 용량이 부족한 사람에게 뇌 피로까지 겹치면 공황 상태에 빠질 가능성이 높아진다.

아침 출근길, 급히 편의점에 들러야 하는 상황을 가정해보자. 당신이 횡단보도 앞에서 기다리는데 길 건너 왼쪽 편의점은 계산대가 두 개에 각각 대여섯 명씩 줄을 서 있고, 오른쪽 편의점은 계산대가 네 개인데 손님이 거의 없다. 어느 편의점에 들어가겠는가? 바쁜 아침이기에 당연히 회전율이 높은 오른쪽 편의점으로 들어갈 것이다.

왼쪽 편의점 직원이 열심히 물건값을 계산해 조금씩 줄이 줄어드는 모습을 그려보자. 우리의 작업 기억도 이와 비슷하다. 고객 한 명 한 명의 물건값을 계산하는 것처럼 뇌도 받아들인 정보를 하나하나 처리한다. 편의점에 직원이 많을수록 계산을 빠르고 정확하게 할 수 있듯이 작업 기억의 용량이 클수록 정보를 빠르고 정확하게 처리할 수 있다. 결과적으로 전체 업무 진행 속도가 빨라진다.

반대로 편의점 계산대 수가 적으면 상대적으로 시간이 더 걸린다. 적은 수의 직원이 많은 고객을 응대하면 계산 중 실수를 저지를 확률도 높아진다. 뇌도 그렇다. 정보가 들어오는 입구인 작업 기억에 과부하가 걸리면 실수가 잦아진다. 따라서 실수 없이 빠르게 정보를 처리해 뇌에 정확히 입력하고 싶다면 작업 기억의 용량을 키워야 한다.

사람의 작업 기억 용량은 얼마나 될까? 우리의 머릿속에는 과연 몇 대의 계산대가 돌아가고 있을까? 인지심리학의 선구자이자 심리언어학의 발전에 크게 기여한 미국의 심리학자 조지 아미티지 밀러George A. Miller는 1956년 뇌 용량의 한계를 연구한 논문에서 사람이 단기간에 기억할 수 있는 정보는 최대 일곱 개라고 주장했다. 그는 이를 두고 '마법의 숫자 일곱 Magic number 7'이라고 했다.

실제로 우리는 전화번호 등 숫자를 외울 때 7~8자리까지는 쉽게 기억하지만 더 길어지면 헷갈린다. 예를 들어 아내가 남편에게 전화를 걸어 "오늘 저녁은 불고기를 해먹을 거니까 퇴근길에 소고기와 쪽파, 양파 좀 사올래?"라고 부탁한다면 남편은 비교적 쉽게 기억한다. 그러나 아내가 "오늘 저녁 메뉴는 불고기니까 집에 올 때 마트에 들러서 소고기, 쪽파, 양파, 곤약, 두부, 쑥갓, 달걀 좀 사올래?"라고 말한다면 어떨까? 전화를 끊고 바로 메모장에 적으려고 기억을 되짚겠지만, 전부 기억하기 어려울 것이다. 이처럼 작업 기억의 용량은 정보의 종류에 따라 달라진다. 위 예시처럼 물품 항목이나 이름과 같이 뇌에 부담을 주는 자세한 정보라면 기억할 수 있는 양은 상대적으로 줄어들기도 한다.

최근 연구에서는 사람이 한 번에 기억할 수 있는 정보의 양이 세 개에 불과하다는 주장도 있다. 예를 들어 휴대폰 번호를 외울 때 "010-OOOO-XXXX"라는 열한 자리 숫자를 세 덩어리로 나누어 기억하는 식이다. 작업 기억의 용량에 대해서는 학계의 의견이 분분하나, 현재까지의 연구들은 작업 기억의 용량이 세 개라는 주장에 더 큰 무게를 두고 있다. 따라서 이 책에서는 사람의 작업 기억 용량이 세 개라고 전제하고 논의를 진행하겠다.

작업 기억력을 개선하는 쉽지만 확실한 습관

우리 뇌의 정보 처리 과정은 앞에서 본 편의점의 계산대와 같다. 보통은 세 개의 계산대가 동시에 돌아가지만 개인차가 있다. 업무 처리가 탁월한 사람은 머릿속에 네 개의 계산대가, 자주 실수하는 사람은 두 개의 계산대가 있는 것이다. 더욱이 이 처리 능력은 컨디션에 따라 달라진다. 피로가 쌓이면 세 개에서 두 개로 줄어들고, 우울증 상태에는 한 개만 겨우 작동해 생각이 제자리를 맴돈다.

하지만 다행인 것은 약간의 노력으로 이 능력을 개선할 수 있다는 점이다. 편의점에 계산대를 늘리듯, 우리도 생활 습관의 변화만으로 뇌의 정보 처리 능력을 향상시킬 수 있다. 실험과 연구로 검증한 아홉 가지 방법을 소개한다.

① 7시간 이상 숙면

작업 기억력을 100퍼센트 발휘하려면 반드시 7시간 이상 숙면을 취해야 한다. 의사들을 대상으로 진행한 어느 연구에 따르면, 잠이 부족한 의사는 잠을 충분히 잔 의사보다 같은 일을 끝내는 데 걸리는 시간이 14퍼센트 이상 더 길었고 실수가 발생할 확률은 20퍼센트 이상 높았다고 한다. 잠이 부족하면 작업 기억뿐만 아니라 집중력, 기억력, 학습 능력도 함께 떨어져 업무나 과제의 수행 능력이 더 낮아진다. 특히 6시간 이하로 자면 인지력이 눈에 띄게 저하되므로 주의해야 한다.

② 운동

운동은 작업 기억의 정보 처리 속도를 높일 뿐만 아니라 주의력과 기억력을 향상시키고 치매도 예방한다. 유산소 운동과 근력 운동 둘 다 뇌의 움직임을 활발하게 하며, 적절히 조합하면 효과를 극대화할 수 있다. 집중력을 높이고 싶다면 강도 높은 운동을 일주일에 2~3회, 한 번에 30~45분 정도 꾸준히 하는 것이 좋다. 운동은 즉각적으로 효과가 나타나는 방법으로, 가볍게 30분 정도 뛰는 것만으로 작업 기억력이 향상된다는 연구 결과도 있다. 물론 순간적으로 향상된 능력은 몇 시간 뒤에 원래대로 돌아오지만, 습관을 들여 3개월 이상 꾸준히 운동하면 뇌 신경세포에서 분비되는 단백질인 '뇌유래 신경영양인자BDNF, Brain-derived neurotrophic factor'가 나와 뇌가 손상을 회복하고 기능을 개선하는 데 도움을 준다. 운동은 가장 효과적인 뇌 훈련법이다.

③ 야외 활동

자연 속에서의 활동은 작업 기억력을 활성화한다. 맨발로 황톳길이나 숲길을 걸으면 날카로운 돌이나 벌레 등 위험 요소를 순간적으로 판단하고 피하게 된다. 산을 오르다가 큰 바위나 쓰러진 나무 등 방해물을 보고 돌아가는 과정에서도 뇌가 자극을 받고 활성화된다.

④ 독서

오사카대학교에서 인지심리학을 연구한 오사카 마리코学阪満里子 교수는 대학생 50명을 대상으로 작업 기억 용량과 독해력의 연관성을 연구했다. 그 결과 작업 기억 용량이 큰 학생은 단순 독해력뿐만 아니라 글 전체의 논지를 파악하는 문해력도 상대적으로 높다는 결과를 도출했다. 또한 독서 과정에서 전후 맥락을 연결하는 작업이 전두엽을 자극해 작업 기억이 향상된다는 연구 결과도 있다. 책을 읽으면 머리가 좋아진다는 말이 과학적으로 증명된 셈이다. 독서는 작업 기억력을 키워주는 좋은 습관이다.

⑤ 새로운 분야를 공부하고 암기하기

뇌는 무언가 이해하고 기억하려 할 때 자극을 받는다. 들은 것을 잊지 않으려는 사고의 흐름은 그 자체로 작업 기억 훈련이 된다. 이를테면 새로운 영어 단어를 외우는 것처럼 말이다. 요즘은 스마트폰으로 무엇이든 검색할 수 있어 과거에 비해 열심히 외울 필요가 없어졌지만, 새로운 분야를 학습하고 암기하는 습관은 작업 기억력 개선에 도움이 된다.

⑥ 간단한 암산

16 더하기 59는 얼마일까? 해봤다면 알겠지만 이 과정에서 머릿속에 몇 개의 숫자를 임시 저장해야 계산을 이어갈 수 있다. 이때 숫자를 저장하는 공간이 바로 작업 기억이다. 따라서 암산 역시 작업 기억 용량을 키우는 훈련이다. 일상에서 마주치는 간단한 계산은 머릿속으로 해보자.

⑦ 보드게임 즐기기

체스와 바둑을 비롯해 보드게임은 매우 효과적인 작업 기억 강화 훈련법이다. 체스를 둘 때는 한 수 앞, 때로는 두세 수 앞까지 읽어야 이길 수 있다. 상대가 다음에 어떤 수를 둘지 머릿속으로 시뮬레이션을 돌리는 과정에서 자연스럽게 작업 기억력이 활성화된다. 연구 결과에 따르면 보드게임은 작업 기억을 키울 뿐만 아니라 경증 치매 예방 효과도 있다.

⑧ 요리

많은 사람이 요리는 뇌보다 손으로 하는 것이라고 생각한다. 그러나 요리는 고도의 작업 기억이 필요한 일이다. 여러 작업을 동시에 해야 하고, 다음 할 일이 쉴 틈 없이 이어지기 때문이다.

간단히 파스타를 만든다고 해보자. 면을 삶으면서 채소를 씻어 잘게 채 썰고 다음으로 프라이팬에 기름을 두르고 채소를 볶아 소스를 만들어야 한다. 면이 적절히 익으면 소스와 섞어 버무리고 타거나 눌러붙지 않도록 불을 잘 조절해야 한다. 이런 모든 과정에서 타이밍을 놓치면 자칫 요리를 망칠 수도 있기에 작업 기억을 최대치로 사용하게 된다. 특히, 새로운 메뉴에 도전할 때 레시피를 머릿속으로 암기하며 요리하면 한층 높은 수준으로 두뇌를 훈련시킬 수 있다.

⑨ 마음챙김 명상

마음챙김은 구글에서 사내 연수 프로그램으로 도입하며 널리 알려졌다. 지금에 집중해 현실을 있는 그대로 받아들이는 명상법으로, 최근 스트레스 해소법의 하나로 자리 잡아 정신과의 심리 상담뿐만 아니라 유명 기업의 연수 프로그램, 학교 교육에도 널리 활용된다.

캘리포니아대학교 샌타바버라캠퍼스의 연구팀은 48명의 대학생에게 마음챙김 훈련 수업과 일반적인 영양학 수업 중 하나를 택해 2주일간 수강하게 했는데, 실험이 끝나고 전두엽의 변화를 측정한 결과 마음챙김 훈련 수업을 들은 학생의 작업 기억력이 눈에 띄게 좋아졌다. 이들은 심지어 영양학 수업을 수강한 학생보다 평균적으로 16퍼센트나 높은 성적을 거두었다. 더불어 마음챙김 명상은 뇌세포를 자극해 행복 호르몬인 세로토닌Serotonin 분비를 촉진하는 효과도 있다.

2
멀티태스킹은
집중을 방해하는 주범

멀티태스킹이라는 허상에서 벗어나라

앞서 소개한 운동과 독서 등 일상적인 활동으로 작업 기억 력을 향상시킬 수 있지만 단기간에 효과를 보기는 어렵다. 당장 집중력을 개선하기 위해서는 현 수준의 작업 기억을 최대한 활용하는 것이 방법이다. 뇌가 지닌 자원을 효율적으로 쓰라는 뜻이다.

그러려면 일단 멀티태스킹을 멈추어야 한다. 요즘은 컴퓨터의 성능이 좋아 여러 프로그램을 열어도 함께 잘 돌아가지만, 컴퓨터가 처음 나왔을 때는 소프트웨어 서너 개를 동시에 실행하면 속도가 느려지고 아예 멈춰버리는 일도 많았다. 뇌에서도 비슷한 일이 벌어진다. 한 번에 여러 정보를 처리하려 하면 뇌가 정보를 받아들이는 속도가 느려져 작업이 오래 걸린다. 그러다가 받아들인 정보가 작업 기억의 용량을 넘어서는 순간 과부하에 걸려 실수를 저지르는 것이다.

멀티태스킹이란 이메일을 작성하며 전화 통화를 하거나, 기획서를 쓰면서 보고를 받는 것처럼 여러 일을 동시에 처리하는 것을 말한다. 많은 사람들이 멀티태스킹을 하며 효율 좋게 일하고 있다고 생각한다. 하지만 MIT 피코워학습기억연구소의 얼 밀러Earl Miller 교수는 여러 연구를 기반으로 "인간의 뇌는 진정한 멀티태스킹이 불가능하며, 단지 여러 작업 사이를 빠르게 전환할 뿐"이라고 밝혔다.

간간이 스마트폰을 확인하며 공부하는 행위 역시 멀티태스킹이다. 이때 뇌는 스마트폰 보기와 공부를 동시에 수행하는 것이 아니라, 매우 빠른 속도로 두 활동 사이를 오가며 정신없이 처리하고 있을 뿐이다. 집중하는 대상을 계속 바꾸다 보니 어느 것에도 제대로 집중하지 못하고, 결국 과부하가 걸려 처리 속도가 현저히 느려진다. 학습 효율은 떨어지면서 뇌 피로만 쌓이는 것이다.

멀티태스킹을 하면 집중하지 못할 뿐만 아니라 인지 능력도 저하된다. 런던대학교 정신의학연구소에서 실시한 실험에 따르면 작업 중에 메일이나 전화를 확인하는 등 멀티태스킹을 하면 순간적으로 아이큐가 10점가량 떨어진다고 한다. 이는 전날 밤을 샌 사람, 방금 대마초를 한 사람의 인지 기능 저하보다 더 심한 수준이다. 또한 지속적인 멀티태스킹은 스트레스 호르몬인 코르티솔을 과하게 분비시켜 해마(측두엽에 위치해 기억을 관장하는 부위)의 기능을 저해하고 기억력 장애를 초래할 수 있다.

멀티태스킹의 문제점은 여기서 그치지 않는다. 여러 일을 번갈아가며 처리하는 것은 오히려 더 많은 시간을 소모하게 한다. 연구 결과에 따르면, 여러 과제를 동시에 수행할 경우 순차적으로 처리할 때보다 1.5배 이상의 시간이 소요되며, 실수 확률은 최대 50퍼센트까지 증가하는 것으로 나타났다. 더구나 유사한 성격의 두 작업을 동시에 진행할 때는 업무 효율이 80~95퍼센트나 감소한다는 충격적인 연구 결과도 있다. 빨리 끝내려고 여러 일을 동시에 하다가 시간만 낭비하는 셈이다.

정리하면 멀티태스킹은 집중력을 비롯한 인지 능력뿐만 아니라 일의 효율까지 떨어뜨린다. 동시에 뇌 피로가 쌓이는 원인이 된다. 뇌 피로는 다시 집중력 저하라는 악순환으로 이어진다. 멀티태스킹은 집중력을 방해하는 최악의 행동이다. 집중력을 개선해 효율 좋게 일하고 싶다면 여러 일을 동시에 처리하려 하지 말고 하나씩 차근차근 해야 한다.

두뇌와 신체를 동시에 자극하는 이중 작업

다수의 일을 동시에 처리하는 멀티태스킹은 뇌에 부담을 주지만 그중 예외가 있다. 최근 많은 정신과 전문의가 이중 작업Dual-tasking의 효능에 주목한다. 이중 작업이란 두뇌 활동과 신체 활동을 병행하는 훈련법으로 탁월한 뇌 기능 개선 효과를 보이는데, 특히 경증 치매 환자의 증상을 완화하는 일상 속 치료법으로 활용된다.

구체적인 이중 작업의 예시로 계단을 오르내리며 간단한 뺄셈 반복하기, 두세 사람이 함께 걸으며 끝말잇기 하기 등이 있다. 뺄셈을 반복하고 끝말잇기를 하는 것은 두뇌 활동, 계단을 오르내리고 걷는 것은 신체 활동에 속한다. 이때 두뇌 활동은 간단한 과제여야 하고, 반대로 신체 활동은 강도가 높을수록 효과가 크다.

일본 국립장수의료연구센터의 연구 결과는 이중 작업의 효과를 입증한다. 경증 치매 환자 100명을 대상으로 한 실험에서, 운동과 자유로운 사고 활동을 병행한 그룹이 운동하지 않고 가만히 앉아 강의만 들은 그룹보다 뇌 위축이 덜하고 기억력이 더 향상되었다.

이중 작업의 효과는 뇌의학적으로도 설명할 수 있다. 운동과 두뇌 활동을 동시에 하면 전두엽으로 가는 혈류량이 증가한다. 전두엽은 기억력뿐만 아니라 집중력, 작업 기억까지 두루 관장하는 뇌의 핵심 영역이다. 따라서 이중 작업은 기억력을 유지하거나 회복해야 하는 치매 환자뿐만 아니라 집중해서 생산성을 높이고 싶은 직장인이나 학생도 사용할 수 있는 효과적인 뇌 훈련법이다.

피트니스 센터에 가면 러닝머신 위를 달리며 음악을 듣거나 드라마를 시청하는 사람이 대다수다. 이때 음악만 듣지 말고 오디오북을 듣거나 드라마만 보지 말고 영어 뉴스를 시청하는 등 인지 활동을 병행하면 이중 작업 훈련이 되어 뇌 기능 개선에 도움이 된다.

나는 원고를 집필하다가 막히면 러닝머신을 타며 앞부분부터 천천히 읽어보곤 하는데, 달리며 원고를 보면 생각보다 집중이 잘 된다. 책상 앞에 앉아 있을 때는 떠오르지 않았던 새로운 아이디어가 퍼뜩 떠오르기도 한다. 요즘 근처 공원이나 녹지를 걸으며 회의를 진행하는 회사도 있다는데, 몸을 움직이며 의견을 나누면 경직된 회의실에서는 떠오르지 못한 좋은 의견도 많이 나온다. 이는 신체 활동이 창의적 사고를 촉진한다는 사실에 근거한 것이다.

이 책을 읽는 독자 중에는 매일 30분 이상 걷거나 조깅을 하는 사람도 있을 것이다. 단순히 운동하는 것만으로도 두뇌 훈련이 된다. 그러나 여기에 뇌를 자극하는 '간단한' 과제를 병행하면 효과를 한층 더 높일 수 있다. 이처럼 쉽고 간단하게 뇌 기능을 개선해주는 이중 작업을 일상에서 자주 실천해보면 어떨까?

음악을 듣는 것도 멀티태스킹일까?

멀티태스킹이 업무 능률을 떨어뜨린다고 하면 항상 "음악을 들으며 일하는 것도 멀티태스킹에 속하나요?"라는 질문이 뒤따른다. 카페나 공유오피스에 가보면 귀에 이어폰을 꽂은 채 작업을 하는 사람이 꽤 많다. 무언가 심각한 표정으로 일하는 모습이 깊이 집중하고 있는 것처럼 보인다.

음악을 듣는 것은 일의 능률에 어떤 영향을 미칠까? 음악 감상이 업무 성과에 미치는 영향에 대한 여러 논문을 비교 분석한 연구에 따르면, 음악이 업무 능률에 긍정적이라는 결론과 부정적이라는 결론이 비슷한 비율로 나뉘었다. 구체적으로 살펴보면 음악은 읽기, 이해나 암기 같은 인지 활동에는 부정적 영향을 미치지만, 단순 작업의 속도는 높이는 것으로 나타났다.

음악의 영향은 가사 유무에 따라서도 달라진다. 뇌가 가사를 언어 정보로 인식하기 때문에 가사가 있는 음악은 읽기, 이해하기, 쓰기 등의 활동을 방해한다. 또한 다른 정보를 받아들이는 것도 방해해 전반적인 업무의 질이 저하된다. 따라서 일하면서 음악을 듣고 싶다면 가사 없는 클래식 또는 뉴에이지 음악을 선택하는 것이 바람직하다.

외과 의사 중에는 수술실에 좋아하는 음악을 틀어 놓아야 집중이 잘 된다고 말하는 사람이 유난히 많다. 수술은 손을 움직이는 신체 작업이기 때문이다. 머리로 생각하기보다 몸을 움직이는 일이기에 음악을 들을 때 효율이 높아지는 것이다. 비슷한 맥락에서 손으로 무언가를 만들어내는 생산 작업도 음악을 들으면 더 효율적으로 할 수 있다. 단순 업무를 반복하는 회사의 경우 음악을 틀어 작업 능률과 속도를 높이기도 한다. 이처럼 몸을 움직이는 일이나 기계적으로 하는 일에는 음악을 틀어 놓는 것이 긍정적인 요인으로 작용한다.

결론을 정리하자면 음악은 학습, 기억, 독해와 같은 뇌 활동에는 부정적인 영향을, 작업과 운동 등 신체 활동에는 긍정적인 영향을 미친다. 따라서 당신이 하는 일에 따라 적절히 선택하면 된다. 또한 뇌가 과부하에 빠져 어느 것에도 집중하기 어려운 상태라면 아예 일을 내려놓고 음악을 들으며 충분히 휴식을 취한 뒤 다시 시작하는 것이 효율적이다.

3
기억력이 아닌
메모의 힘을 믿어라

메모는 망상 활성계를 자극한다

중요한 일을 정확히 기억하려면 메모를 하라는 조언은 누구나 한 번쯤 들어봤을 것이다. 메모의 큰 장점은 기록을 통해 나중에 확인할 수 있다는 점이다. 하지만 메모는 단지 정보 저장 도구 이상의 강력한 효과를 발휘한다. 메모를 하는 순간, 우리의 뇌는 정보를 더 집중적으로 받아들인다.

메모하는 동안에는 뇌의 집중력과 기억력이 향상되어 내용을 정확히 듣고 오래 기억할 수 있다. 메모하는 것만으로 집

집중의 뇌과학

중력이 좋아진다는 말은 어불성설 같지만 뇌과학적으로 입증된 사실이다. 쓰는 행위가 뇌간의 망상 활성계RAS, Reticular activating system를 자극하기 때문이다. 망상 활성계는 주의력을 통제하는 뇌의 사령탑으로, 자극을 받으면 노르아드레날린, 세로토닌, 아세틸콜린Acetylcholine 등의 호르몬을 대뇌 피질 전체로 분비한다. 또한 뇌가 처리하는 수많은 정보 중 중요한 것과 그렇지 않은 것을 구분하는 필터 역할을 한다.

예를 들어 업무 다이어리에 "다음 회의 일정: 11월 15일 오후 2시"라고 메모하는 순간 망상 활성계가 이를 중요한 정보로 인식하고 뇌 전체의 집중을 유도한다.

기자들이 취재 중 녹음과 영상 촬영을 하면서도 끊임없이 메모를 하는 이유도 여기에 있다. 메모는 단순히 기록이 아니라, 주의력을 높이고 정보를 더 잘 기억하게 하는 효율적인 도구이기 때문이다.

중요한 것만 종이에 손으로 쓸 것

메모는 새로운 정보를 접한 직후 가능한 한 빨리 남기는 것이 좋다. 사람의 기억력은 생각보다 약하다. 다른 사람의 말을 듣고 3초간은 누구나 그 말을 똑같이 반복할 수 있지만 30초가 지나면 헷갈리기 시작하고, 3분이 지나면 기억이 희미해지며, 30분쯤 지나면 거의 기억하지 못한다. 정확히 기록하기 위해서는 듣자마자 해야 한다.

하지만 무조건 많이 메모하는 것이 능사는 아니다. 우리 뇌의 작업 기억 용량은 한정되어 있기 때문이다. 몇십 분에 걸쳐 망상 활성계를 계속 자극하면 뇌가 지치고, 오히려 주의가 산만해지며 집중력이 떨어진다. 따라서 일시, 장소, 마감 기한과 같이 잘못 알면 문제가 될 수 있는 중요한 정보만 선별해서 메모를 남겨야 한다.

내가 강연에서 이렇게 말하면 청중들은 "스마트폰이나 노트북으로 메모해도 손으로 쓰는 것과 동일한 효과를 볼 수 있을까요?"라고 묻는다. 관련 연구들을 함께 살펴보자.

미국 프린스턴대학교와 UCLA 공동 연구팀은 평소 강의를 들을 때 노트에 손으로 필기하는 학생과 노트북에 타자를 치며 필기하는 학생들의 학습 능력을 비교 분석했다. 그 결과, 손으로 필기한 학생이 타자를 쳐서 필기한 학생보다 뛰어난 이해력을 보였다. 배운 내용을 더 오래 기억했을 뿐만 아니라 새로운 아이디어를 받아들이는 데에도 더 능숙했다.

다른 연구에서는 손으로 필기할 때와 자판을 칠 때 뇌의 어느 부위가 활성화되는지 비교하기 위해 MRI 촬영을 했는데, '손으로 필기할 때만' 언어 활동을 관장하는 좌뇌 전두엽 아래쪽의 브로카 영역Broca's area이 활성화된다는 사실을 확인했다. 즉 디지털 기기로 기록하는 행위는 손으로 필기하는 행위에 비해 뇌를 자극하는 효과가 낮았다.

여러 연구들을 종합했을 때 종이에 손으로 필기하는 것이 스마트폰이나 노트북에 필기하는 것보다 기억력 증진에 좋다는 사실을 알 수 있다. 집중력을 높여 뇌에 정보를 효율적으로 입력하고자 한다면 디지털 기기보다 손으로 직접 메모하는 것을 추천한다.

구글 캘린더와 같은 디지털 도구는 데이터 동기화와 일정 공유 등 편리한 기능이 많다. 이미 잘 활용하고 있던 사람에게 군이 손으로 쓰라고 강요하지는 않겠다. 다만 기록하는 공간은 하나로 통일하는 것이 중요하다. 개인 일정과 업무 일정을 여러 곳에 분산 기록하면 실수가 발생하기 쉽다. 종이 수첩이든 달력 애플리케이션이든, 정보의 입력 창구는 반드시 하나로 통일하길 바란다.

4
당신은 스마트폰을
스마트하게 사용하고 있는가?

스마트폰으로 읽은 내용을 기억하지 못하는 이유

우리는 스마트폰으로 끊임없이 새로운 소식을 접한다. 대중교통이나 거리에서도 대부분 스마트폰을 들여다보고 있다. 그런데 실제로 얼마나 많은 정보를 얻을까?

여기서 잠깐 실험을 해보자. 수첩이나 노트를 꺼내 당신이 최근 일주일간 스마트폰으로 얻은 새로운 정보나 지식을 생각나는 대로 적어보라. 읽었던 뉴스 기사나 블로그 포스팅 등 무엇이든 좋다. 몇 개나 썼는가? 아마 대부분 한두 개조차도 제대로 쓰지 못했을 것이다. 3~5개도 많은 축에 속한다. 새로운 정보를 얻기 위해 스마트폰을 사용하는 것은 아니지만 이 정도로는 생산성이 너무 떨어진다.

더욱이 스마트폰으로 얻은 정보는 한 달이 지나면 대부분 잊어버린다. 반면 오래전에 읽은 책이나 시청한 TV 프로그램, 영화는 꽤 상세히 기억할 수 있다. 결국 스마트폰은 유익한 정보 수집 도구지만, 능동적이고 효율적으로 활용하지 못한다면 그저 시간 낭비와 집중력 분산을 부추기는 방해 요소이자 불청객일 뿐이다.

스마트폰으로 얻은 정보는 왜 오래 기억에 남지 않는 걸까? 주된 이유는 뇌의 용량이 정해져 있기 때문이다. 우리는 스마트폰으로 긴 글이나 각종 뉴스를 읽어 내려가면서 많은 정보를 얻었다고 생각하지만, 실제로는 뇌의 작업 기억 용량이 한계에 도달해 제대로 처리하지 못한다. 마치 계산대가 세 대뿐인 편의점에 100명의 손님이 한꺼번에 몰리는 것과 같은 상황이다. 다시 말해, 스마트폰으로 정보나 지식을 과도하게 습득하는 행위는 뇌에 입력하는 것이 아니라 그저 접수하고 흘려보내는 것이다. 정보가 들어와 바로 빠져나가기에 장기 기억으로 저장되지 못한다.

디지털 치매를 최소화하려면

장시간의 스마트폰 사용은 뇌 피로의 주요 원인이기도 하다. 즉, 스마트폰을 사용할수록 뇌가 피로해져 점점 집중력과 기억력이 떨어진다. 신경과학자 오쿠무라 아유미奧村歩 박사는 저서『그 기억장애는 디지털 치매였다その「もの忘れ」はスマホ認知症だった』에서 최근 스마트폰을 많이 사용하는 30~50대 성인들 사이에 디지털 치매 증상을 보이는 이가 크게 늘었다고 지적했다.

디지털 치매란 뇌에서 필요한 정보를 제대로 꺼내지 못하는 상태를 가리킨다. 쉽게 말해 이런저런 정보를 너무 많이 받아들여 뇌가 정보의 쓰레기장이 된 셈이다. 그 결과 기억력과 집중력은 물론이고 사고력, 판단력, 감정 조절 능력과 작업 기억까지 전반적인 뇌 기능 저하로 이어진다.

최근 스마트폰으로 검색하면 무엇이든 금방 알 수 있으니 머리로 생각하거나 기억을 더듬어 떠올려보려는 시도조차 하지 않는 사람이 늘고 있다. 그러나 계속해서 스마트폰에 의존하면 뇌가 지닌 사고력과 기억력은 점점 감퇴할 수밖에 없다. 실제로 30~50대에 디지털 치매를 겪은 사람은 노년에 알츠하이머와 치매에 걸릴 확률이 높다. 스마트폰은 작업 기억력을 떨어뜨리고 뇌를 지치게 하며 장기적인 인생의 행복까지 망칠 수 있다.

센다이시 교육위원회와 도호쿠대학에서 공동으로 진행한 "스마트폰 사용 시간과 학습 능력에 관한 연구"에 따르면 학생들의 스마트폰 사용 시간이 1시간 늘어날 때마다 수학 성적이 약 5점씩 하락했다. 단순히 생각하면 스마트폰 사용 시간이 늘어날수록 공부하는 시간이 줄어 성적이 떨어지는 것이 당연해 보이지만, 연구 결과를 구체적으로 살펴보면 그렇지 않다. 공부 시간을 '30분 미만', '30분 이상 2시간 미만', '2시간 이상'으로 나누어 분석한 결과 같은 그룹 내에서도 스마트폰 사용 시간이 늘수록 성적이 떨어졌다.

또한 네이버 라인Line 등 SNS 사용 시간과 성적 사이 상관관계를 조사한 결과, SNS를 오래 사용할수록 성적이 떨어지는 현상이 나타났다. 흥미로운 점은 2시간 이상 공부한 그룹에서도 SNS를 4시간 이상 사용한 학생은 성적이 현저히 낮았다는 것이다. 공부 시간이 2시간 이상이고 SNS 사용 시간이 4시간 이상인 학생들의 평균 점수는 49점이었지만, 공부 시간이 30분 미만이고 SNS를 사용하지 않은 학생들의 평균 점수는 59점이었다. 다시 말해 장시간 SNS를 붙잡고 있으면 아무리 공부해도 성적을 올릴 수 없다는 뜻이다. 이처럼 스마트폰을 오래 사용하면 애써 공부한 것도 머리에 남지 않는다.

해당 프로젝트의 감수자이자 일본 뇌과학 연구의 1인자인 가와시마 류타川島隆太 교수는 장시간의 스마트폰 사용이 TV 시청이나 비디오 게임과 마찬가지로 전두엽 기능을 저하시키며, 회복에는 30분에서 1시간이 걸린다고 경고했다. 스마트폰 사용으로 전두엽 기능이 저하된 상태에서는 아무리 열심히 공부해도 학습 효과를 보기 어렵다.

스마트폰이 뇌에 안 좋으니 절대 쓰지 말자고 하는 것이 아니다. 연구 결과, 스마트폰을 전혀 사용하지 않은 학생보다 1시간 미만으로 사용한 학생의 성적이 오히려 2~5점 높았다. 즉, 스마트폰도 시간을 정해 현명하게 사용하면 효율적인 학습 도구가 될 수 있다. 필요한 순간에만 능동적으로 사용하고, 하루 2시간 이하로 사용 시간을 제한하는 등 바람직한 습관을 들이면 된다.

집중의 뇌과학

5

집중력과 작업 기억을 개선하는
뇌 훈련법

적게 담아야 깊이 남는다

나는 매달 여러 차례 강연회를 진행하면서 특별한 현상을 목격한다. 열정적으로 모든 내용을 빠짐없이 받아적는 참가자들이 있는데, 정작 질의응답 시간에는 아무런 질문도 하지 못하는 경우가 많다. 한번은 가장 열심히 메모하던 참가자에게 궁금한 점이 있냐고 물었다. 그렇게 집중해서 들었으니 중요한 질문이 나올 것이라고 내심 기대하면서 말이다. 그런데 그는 당황한 기색으로 짧게 "강연은 잘 들었고요, 특별히 궁금한 점은 없었습니다"라고 답할 뿐이었다.

맥이 탁 풀렸다. 궁금증이 없다는 것은 강연에서 아무것도 배우지 못했다는 신호이기 때문이다. 진정한 학습이 일어났다면 자연스럽게 새로운 의문과 질문이 생기기 마련이다. 다른 강연에서도 미친 듯이 메모하며 듣는 사람이 있었는데, 강연 후 진행하는 차담 자리에서 이야기를 나눠 보니 강연 내용을 완전히 잘못 이해하고 있었다.

혹시 당신 회사에도 회의 시간에 모든 발언을 놓치지 않겠다는 듯이 열심히 메모하는 사람이 있는가? 이들은 열정적으로 회의에 참여하는 것처럼 보이지만 주요 안건에서 벗어난 발언을 하거나 사소한 표현에 집착하다가 회의의 핵심은 파악하지 못하는 경우가 많다. 답답할 따름이다. 이렇게 된 이유는 뇌를 잘못 활용하고 있기 때문이다. 과도한 메모는 오히려 정보 수용을 방해한다. 이해의 깊이가 얕아지는 것이다. 쓰는 행위에 너무 많은 에너지를 소모하다 보면, 실제로 이해하고 생각하는 데 필요한 에너지가 부족해진다. 결국 뇌는 생각의 도구가 아닌 단순한 녹음기로 전락한다.

하나도 놓치지 않고 전부 알아내겠다는 생각은 과한 욕심이다. 이렇게 욕심을 내면 오히려 뇌를 비효율적으로 자극해 정보 저장 능력을 떨어뜨린다. 이해할 수 있는 만큼의 정보만

집중의 뇌과학

받아들이고 충분히 소화하도록 노력해야 한다.

3포인트 법칙: 뇌가 가장 잘 받아들이는 정보의 양

그렇다면 뇌에 들어오는 정보의 양은 어느 정도가 적절할까? 여기서 '3포인트'에 집중하는 학습법을 소개하고자 한다.

나는 강연 전에 설문지를 돌리는데, 첫 질문은 언제나 "오늘 가장 배우고 싶은 세 가지는 무엇입니까?"이다. 강연을 마친 뒤에도 설문지를 돌려 "오늘 새롭게 알게 된 세 가지는 무엇입니까?"라는 질문을 한다. 이렇게 하면 청중들이 강연에서 기대하는 바와 새롭게 알게 된 사실 세 가지를 자기 나름대로 적어서 제출한다.

나는 이것을 '3포인트 설문지'라고 부른다. 이 방식은 놀라운 효과를 보였다. 이전에 단순히 배우고 싶은 것이나 알게 된 것을 물었을 때는 설문지 회수율과 응답률이 저조했지만, '세 가지'로 한정하자 답변의 질과 양이 크게 개선되었다. 처음부터 세 가지만 확실히 얻어가겠다는 자세로 강연을 듣는다면 반드시 그 이상을 얻을 수 있다.

몇 년 전에 효율적인 시간 관리법을 소개하는 책 『신의 시간술』(리더스북, 2018)을 펴내고 출간 기념회 겸 강연회를 했는데, 당시 자리에 참석했던 한 독자는 무엇을 얻어가길 기대하느냐는 질문지에 다음과 같이 세 가지를 써냈다.

· 시간을 효율적으로 관리하는 팁을 얻고 싶다.
· 한정된 시간 내에 뛰어난 성과를 내는 법을 알고 싶다.
· 가족과 보내기 위해 여유 시간 확보하는 법을 배우고 싶다.

이렇게 처음부터 세 가지 목표를 확실히 정한 뒤 강연을 들으면 궁금했던 내용이 나올 때 더 집중할 수 있다. 내용을 정확히 이해하고 기억하며 필요했던 것을 효과적으로 얻을 수 있다. 2~3시간씩 이어지는 강연에서 처음부터 끝까지 최대한 집중해 단 한마디도 놓치지 않고 듣는 것은 애당초 불가능하다. 모든 내용을 이해하겠다고 무리하다가는 정작 후반부에 중요한 내용이 등장할 때쯤 집중력이 떨어져 놓치기 쉽다.

강연이든, 수업이든, 상대의 이야기든 세 가지 핵심만 염두에 둔 채로 듣는 방법이 가장 효율적이다. '3개의 포인트'만 받아들이려는 태도는 정보 입력의 효율을 극대화해 머릿속에 막힘없이 받아들일 수 있는 뇌 훈련법이다.

자격시험 준비로 뇌를 깨워라

뇌 기능을 최대한으로 이끌어내 활용하고 싶어 하는 사람들에게 나는 자격증 취득을 권한다. 이는 단순한 조언이 아니라 직접 경험에서 우러나온 확신이다.

2014년부터 3년간 위스키 감정사 자격증 공부를 하면서, 나는 뇌의 놀라운 변화를 경험했다. '위스키 프로페셔널'이라는 최고 자격을 취득하기까지의 과정은 결코 쉽지 않았다. 2023년 기준 일본에서 단 592명만이 보유한 이 자격증을 따기 위해서는 필기시험은 물론 맛을 보고 판단하는 실기까지, 까다로운 과정을 거쳐야 한다.

시험을 치기 위해 나는 마지막 한 달간 집중적으로 공부했다. 특히 시험 일주일 전에는 하루 6시간, 마지막 3일은 12시간씩 몰입했다. 대학 졸업 후 처음으로 경험한 이런 집중적인 학습은 내 뇌를 깊이 자극하고 활성화했다.

이 자격증을 땄다고 내 상황이 크게 바뀌거나 삶에 급격한 변화가 온 건 아니다. 바텐더가 되지도, 위스키 관련 업계에 뛰어들지도 않았다. 하지만 몇 년간 자격증 공부에 몰두하면서 두뇌가 확연히 변했다. 학습 효율성이 높아졌고, 집중력 지속 시간이 크게 늘었다. 단적으로 말하면 머리가 좋아졌다.

이러한 변화는 책 집필 활동에서 구체적으로 입증되었다. 2014년 이전에 출간된 10여 권의 저서 중 최고 판매량은 3만 부 수준이었지만, 위스키 감정사 자격증 취득 후 집필한『외우지 않는 기억법』(라의눈, 2023)은 15만 부를 가뿐히 돌파했다. 후속작인『당신의 뇌는 최적화를 원한다』(쌤앤파커스, 2018)와『신의 시간술』도 연이어 베스트셀러에 올랐다.

글의 수준과 완성도 면에서도 눈에 띄는 향상이 있었다. 2014년 이전과 이후의 책을 읽어보면 변화를 한눈에 알 수 있다. 자격증 공부를 시작한 뒤에 쓴 글의 수준과 완성도는 놀랄 만큼 좋아졌다. 시험을 준비하며 꾸준히 공부에 열중했던 것이 도움이 된 것이다. 공부해서 두뇌 기능이 개선된 상태로 원고 집필에 몰두하니 결과적으로 이해하기 쉬우면서 내용도 풍부한 글을 쓸 수 있었던 것 아닐까?

사람들은 회사에 입사해 사회생활을 시작한 뒤로는 자격증 시험이 쓸모없는 시간 낭비라고 치부한다. 나도 그랬다. '말이 자격시험이지 주최 기관에서 돈을 벌려고 만든 거 아냐?', '유학 갈 것도 아닌데 왜 영어 공부를 하고 토익 시험을 쳐야 하지?'라고 생각했다. 그러나 막상 시험을 준비하고 치러 보니, 자격증 자체가 아닌 준비 과정이 뇌에 긍정적인 영향을 미친다는 것을 깨달았다.

어떤 분야든 시험공부는 최고의 두뇌 훈련법이다. 이제 40~50대에 접어들었거나 그 이상의 연배이면서 요즘 집중력과 기억력이 많이 떨어졌다고 느끼는 사람에게 어떤 시험이든 좋으니 준비하며 공부에 몰두해보기를 적극 권한다. 공부만 하면 되지 왜 시험까지 쳐야 하느냐고 묻는다면, 시험일이 정해져야 시간의 압박감을 느끼고 집중하게 되기 때문이라고 답하겠다.

평생 학습이 만드는 슈퍼 브레인

성인 학습이 작업 기억을 개선한다는 것은 수많은 연구를 통해 입증되었다. 특히 주목할 만한 것은 치매 예방 효과다. 전 세계적인 연구들이 교육 기간이 길수록 알츠하이머와 치매 발병 확률이 낮아진다는 사실을 보고했다. '인지 예비력 Cognitive Reserve'이라는 개념을 바탕으로 성인 학습의 효과를 살펴보자.

인지 예비력이란 뇌세포 일부가 손상되어도 주변의 다른 세포를 활용해 해당 기능을 잘 수행할 수 있는 능력이다. 인지 예비력이 높으면 뇌의 신경세포가 파괴되어도 뉴런 사이를 오가는 대체 경로를 찾아내 사용하기 때문에 치매 발병을 늦출 수 있다. 다시 말해 지금까지 살면서 쌓아온 정보와 지식, 경험이 많을수록 뇌 손상이 생겨도 과거 경험치로 손상된 부분을 보완할 수 있다는 말이다.

자신은 학교에 제대로 다니지 못했으니 치매에 걸릴 가능성이 높다며 우울해하는 사람도 있을 텐데, 걱정할 필요 없다. 여기서 말하는 학습은 학교 교육에 국한된 것이 아니며, 성인이 된 후에도 끊임없이 공부하면 인지 예비력은 얼마든지 높일 수 있기 때문이다. 심지어 60대 이후에도 말이다.

인지 예비력에 관한 유명한 연구가 있다. 켄터키대학교 신경학과의 데이비드 스노든David Snowden 교수는 1986년부터 15년 이상 678명의 수녀를 대상으로 노화와 알츠하이머의 상관관계, 인지 예비력에 대해 연구해 『우아한 노년』(사이언스북스, 2003)이라는 책을 펴냈다. 수녀들은 일반 사람들과 달리 수도원이라는 통제된 환경에서 거의 비슷한 일과를 보내기 때문에 세심히 관찰하면 특정 변수의 영향을 비교적 뚜렷하게 가려낼 수 있다는 점에서 의미 있는 연구였다.

스노든 교수는 여러 수녀들의 인지력을 조사하며 젊은 시절부터 다양한 어휘와 표현을 구사해 꾸준히 일기를 써왔던 이들의 알츠하이머 발병 확률이 눈에 띄게 낮다는 사실을 발견했다. 언어를 많이 사용하면 해마가 자극을 받아 활성화되기에 나이가 들어 일부 위축되더라도 나머지 해마로 기능을 대체할 수 있는 것이다.

더욱 놀라운 것은 85세까지 뛰어난 인지 능력을 유지했던 한 수녀의 사례다. 사후 뇌 분석 결과 심각한 알츠하이머 상태였음에도 생전에 높은 인지 기능을 유지했는데 이는 지속적인 학습 덕분이었다. 즉, 성인이 되어도 지속적으로 무언가를 배우고 익혀 인지 예비력을 높이면 80세, 90세, 심지어 100세까지 인지 능력을 유지할 수 있다.

다행히도 오늘날에는 다양한 학습 기회가 있다. 술 감정사, 조리사, 조향사, 운동지도사부터 어학까지, 수백 가지의 자격 시험이 존재한다. 취미나 관심사와 연계된 분야를 선택해 공부하면 배움의 즐거움과 함께 뇌 기능 개선이라는 값진 선물을 얻을 수 있다. 시험이라는 명확한 목표와 시간의 압박감은 학습 효과를 더욱 높여준다.

핵심 정리

① 뇌에 정보가 입력되는 첫 단계를 '작업 기억'이라 한다. 작업 기억은 충분한 수면, 꾸준히 운동하기 등의 생활 습관으로 개선할 수 있다.

② 뇌를 효율적으로 사용하기 위해 멀티태스킹은 하지 않는 것이 좋다. 다만 신체를 움직이며 뇌를 활성화하는 이중 작업 훈련은 집중력과 기억력 향상에 오히려 도움이 된다.

③ 메모하며 들으면 집중력이 좋아져 더 잘 기억할 수 있다. 디지털 기기보다 종이에 손으로 직접 필기하는 것이 뇌를 더 활성화한다. 다만 지나치게 쓰기에 몰두하면 오히려 정보를 놓칠 수 있으니 주의해야 한다.

④ 스마트폰은 다양한 정보를 빠르게 검색할 수 있는 도구이지만 너무 많이 사용하면 오히려 뇌를 피로하게 한다. 스마트폰 사용 시간은 하루 2시간 이하로 줄여라.

⑤ 뇌가 정보를 효율적으로 받아들일 수 있도록 평소 훈련하자. 새로운 정보를 접할 때는 이해할 수 있는 만큼만 받아들이고 3가지 핵심으로 정리하는 것이 좋다. 자격시험 공부로 뇌를 자극하면 인지 예비력을 기를 수 있다.

PART 3

실수 없이 최고의 생산성을
발휘하는 출력의 법칙

뇌가 정보를 처리해 만들어내는 결과물,

즉 '출력'은 업무의 90퍼센트를 결정짓는다.

실수 하나가 전체 결과물의 질을 좌우하는 만큼,

뇌의 출력 기능을 최적화하는 방법을 알아보자.

1
당신의 업무 성과를 결정짓는 핵심, 집중력

뇌는 새로운 정보를 받아들이면 그대로 저장하지 않고 사고 과정을 거쳐 정리하고 다양한 형태로 가공한다. 이렇게 정리한 내용을 보고, 전달, 기록, 행동하는 모든 과정이 출력이다. 즉 뇌가 정보를 처리해 결과물을 내놓는 마지막 단계다. 거래처 미팅, 사내 회의, 보고서 작성, 원고 집필 등 뇌에서 정리된 것을 바탕으로 손이나 입을 움직여 무언가를 실행하거나 말하는 행위는 모두 출력에 속한다.

집중력이 출력에 미치는 영향은 결정적이다. 집중력이 높으면 정보를 정확히 처리할 수 있고, 실수가 줄어 과제나 업무를 한 번에 완벽히 끝낼 수 있다. 출력 단계에서 높은 집중력을 유지하면 일을 다시 하거나 수정하지 않아도 되고, 시간 낭비를 줄여 다음 업무로 빠르게 넘어갈 수 있다. 시간이 확보되니 집중력과 생산성은 더 높아진다. 이처럼 집중력을 높이면 이어지는 일들도 자연스럽게 해결되는 선순환이 시작된다.

반대로 집중력이 부족한 상태에서는 실수할 확률이 높다. 이전 업무에서 오류를 발견하면 하던 일을 중단하고 되돌아가야 한다. 실수를 바로잡고 하던 일로 돌아오면 다시 몰입하기까지 시간이 걸린다. 실수가 실수를 부른다고, 이 일 저 일 왔다갔다하며 처리하면 실수를 되풀이하게 된다. 효율성과 집중력이 계속해서 떨어지는 악순환이 반복되는 것이다.

이번 장에서는 집중력이 선순환하는 구조를 만들어 업무상 실수를 줄이고 뛰어난 결과물을 출력하기 위해 뇌를 100퍼센트 활용하는 방법과 이를 돕는 도구를 소개하겠다.

집중의 뇌과학

2
뇌의 리듬을 이해하면
실수가 줄어든다

고성과의 비밀, 90분 집중력 법칙

고속도로에서 졸음운전을 하다가 휴게소에서 잠깐 쉬면 거짓말처럼 정신이 맑아지는 경험을 해본 적 있을 것이다. 꾹꾹 참고 억눌렀던 졸음이 10분 휴식만으로 말끔히 사라지는 것은 뇌가 다시 각성 상태로 돌아왔기 때문이다.

사람의 뇌는 약 90분간 각성 상태를 유지하고 10분가량 휴식하는 리듬을 하루 종일 반복한다. 이를 '초일주기 리듬 Ultradian rhythm'이라고 한다. 하루 단위로 유지되며 일반적으로 생체 리듬이라 불리는 일주기 리듬Circadian rhythm과 구분해 그렇게 부른다.

각성 상태일 때는 집중력과 주의력이 높아 실수가 적지만, 휴식기에는 실수 확률이 크게 높아진다. 운전 중 졸음이 쏟아지는 것도 휴식기에 접어들었기 때문이다. 이때는 주의력과 집중력이 최저 수준으로 떨어져 돌발 상황에도 대응하기 어렵고, 계속 운전하면 사고 위험이 높아진다. 따라서 운전을 하다가 너무 졸릴 때는 잠시 차를 세우고 5분이나 10분, 짧게라도 휴식을 취해야 한다.

초일주기 리듬은 인간 고유의 생체 리듬이자 바꿀 수 없는 성질이기 때문에 거스르려 하기보다 리듬에 맞춰 행동을 유연하게 조절해야 한다. 이 리듬을 적절히 활용하는 것만으로도 일에 몰입해 뛰어난 성과를 낼 수 있다.

최근 연구에 따르면 각성 시간은 개인차가 커서 70~110분까지 다양하다. 정확히 90분에 얽매일 필요는 없지만, 장시간 집중 후에는 실수 확률이 높아지므로 적절한 휴식이 필수다. 특히 초일주기 리듬이 한 사이클을 돌아 집중력이 바닥났을 때는 짧은 낮잠만으로도 정신과 신체의 피로가 말끔히 풀린다. 집중하기 위해 업무 중간중간에 적절히 휴식을 취하자.

집중의 뇌과학

실수가 집중되는 시간과 요일을 피하라

실수를 줄이는 법은 생각보다 간단하다. 누구나 집중력을 발휘해 실수 없이 일하는 시간이 있고, 반대로 실수를 자주 저지르는 시간대와 요일이 있다. '실수를 저지르기 쉬운 시간'에는 중요한 일을 피하고, 대신 집중력이 덜 필요한 일상적인 업무를 배치하면 된다.

사람마다 약간의 편차는 있지만, 하루 중 집중력이 가장 낮은 시간은 늦은 밤과 이른 새벽이다. 특히 새벽 3~5시는 대부분의 사람이 '실수를 저지를 수밖에 없는' 시간이다. 인간의 생체 리듬상 잠을 자야 할 때이기에 졸음이 쏟아지고, 집중력도 바닥까지 떨어져 중대한 실수를 저지를 확률이 높다. 체르노빌 원전 사고나 우주왕복선 챌린저호 폭발 같은 대형 인재도 이 시간대의 잘못된 판단이 화근이었다.

집중력이 부족한 시간대에는 아무리 조심해도 실수를 막기가 쉽지 않다. 밤새 발표 자료를 준비하다가 마지막에 저장 버튼 대신 삭제 버튼을 누른다든가, 새벽 내내 과제물을 작성해놓고 실수로 제출하지 못하는 안타까운 일이 수없이 발생한다. 아무리 철야하며 열심히 일해도 이런 실수를 저지른다면 그때까지의 노력은 모두 물거품이 된다. 그러므로 실수를 줄이기 위해서든 적절한 수면 시간을 확보하기 위해서든 밤샘 작업은 절대 피해야 한다.

일본의 한 구인구직 정보 포털사이트hatarako.net에서 직장인 510명을 대상으로 실수에 관한 설문조사를 진행한 적이 있는데 흥미로운 결과가 나왔다. 직장인들이 꼽은 하루 중 실수가 가장 잦은 시간은 '오후 2~5시'(40퍼센트)였다. 오전 업무의 피로와 식곤증이 겹치는 이 시간대에는 중요한 일을 피하는 게 좋다. 요일별로는 월요일(25퍼센트)과 금요일(19퍼센트)에 실수가 많았고, 화요일(5퍼센트)이 가장 적었다.

오후 2시는 오전 업무로 쌓인 뇌 피로에 식사 후의 포만감까지 더해 졸음이 쏟아지는 시간이다. 이때 집중력이 크게 떨어지기 때문에 중요한 일은 되도록 피해야 한다. 더불어 월요일에 실수를 가장 많이 저지른다고 답한 25퍼센트는 통계적으로 꽤 높은 수치다. 원인은 여러 가지로 추측할 수 있다. 주말에 늦잠을 잔 탓에 월요일 오전까지 생체 리듬이 틀어져 있거나, 한 주의 시작이라 아직 몸이 업무에 적응하지 못했을 확률이 높다. 또는 주말에도 일해 이미 피로가 쌓인 상태이기에 월요일에 실수를 저지르는 빈도가 높을 수도 있다. 금요일은 주말을 앞두고 마음이 느슨해진 상태이기에 뇌의 집중력이 떨어지고 실수가 발생한다고 예상할 수 있다.

설문조사에서 얻은 힌트를 업무에 적용해보자. 일을 집중해서 처리할 수 있는 최적의 요일은 바로 화요일이다. 실수하면 안 될 중요한 일은 월요일과 금요일을 피해 화요일에 처리하는 것이 어떨까?

집중의 지속 시간을 늘려라

그렇다면 '중요한 일은 몇 시에 하는 것이 좋을까?'라는 질문이 남는다. 핵심 업무는 어느 시간대에 해야 할까?

하루 중 가장 집중력이 높은 시간은 아침이다. 사람의 뇌는 "기상 직후 2~3시간 동안" 가장 높은 집중력을 발휘한다. 즉, 일하기 가장 좋은 때는 오전 9시로, 이 시간은 뇌가 가장 효율적으로 정보를 처리할 수 있는 골든타임이다. 밤새 충분히 휴식을 취한 뇌가 마치 아무것도 올려놓지 않은 책상처럼 깨끗하게 정리된 상태이기 때문이다. 아침에 뇌는 피로를 회복하고 가장 활발한 상태다. 그러므로 고도의 집중력이 필요한 업무는 오전 중에 모두 끝내고, 오후로 넘어가지 않도록 일정을 잘 관리하기만 해도 효율성을 크게 높일 수 있다. 즉, 중요한 일은 회사에 도착해 자리에 앉자마자 신속하게 처리해야 한다. 뇌가 최대한의 능력치를 끌어올려 일을 정확히 처리하게 하기 위해서다.

그런데 앞의 논리대로라면 오전 7시에 일어난 사람이 집중해 일할 수 있는 것은 오전 10시까지뿐인 셈이다. 누구나 출근해서 1시간 안에 중요한 일을 모두 처리하고 싶겠지만, 결산 보고서 작성 등 방대한 자료를 꼼꼼히 확인해야 하는 업무는 도저히 그렇게 빠르게 끝낼 수 없다.

이쯤에서 '집중력의 지속 시간을 늘리는 방법은 없을까?'라는 의문이 생긴다. 다행스럽게도 그런 방법이 있다. 기상 직후

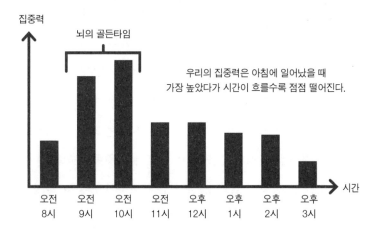

그림 4. 시간대별 집중력 변화

집중력

뇌의 골든타임

우리의 집중력은 아침에 일어났을 때 가장 높았다가 시간이 흐를수록 점점 떨어진다.

오전 8시　오전 9시　오전 10시　오전 11시　오후 12시　오후 1시　오후 2시　오후 3시　시간

출처: 일본의 안경 브랜드 진즈JINS 고객 500명 데이터 기반

2~3시간 동안 뇌가 가장 활발하게 활동한다는 주장은 많은 사람의 평균치일 뿐이며, 어떻게 관리하느냐에 따라 집중력의 지속 시간은 얼마든지 늘어난다. 뇌를 하루 종일 이른 아침처럼 깨끗하게 정리된 상태로 유지하면 일어난 지 3시간 이상 지나도 집중력을 잃지 않고 일할 수 있다.

이때 핵심은 불필요한 정보 유입을 차단하는 것이다. 아침 TV의 생활 정보 프로그램이나 출근길 스마트폰의 뉴스 기사, 심지어 이메일 확인까지도 뇌를 어지럽히는 요인이 된다. 이메일 확인은 뇌가 피곤해도 할 수 있는 단순 작업이므로, 굳이 집중력이 높은 오전에 처리할 필요가 없다.

작가인 나는 오전 시간에 최대한 효율적으로 원고를 집필하기 위해 루틴을 만들었다. 아침에 일어나자마자 샤워하고 서재에 들어가 문을 닫는 것이다. 책상 앞에 앉아 컴퓨터를 켠 뒤에는 메일을 읽거나 이런저런 소식을 확인하지 않고 바로 글쓰기에 돌입한다. 아침부터 오로지 지금 쓰는 책의 내용만 생각하면 생산성 좋게 일할 수 있다. 이 시간에는 전화가 와도 받지 않고 택배가 와도 나가지 않는다. 마치 외부와 단절된, 고립된 사람처럼 일에만 몰두한다. 특히 원고 마감을 앞두었을 때 이 루틴을 자주 실천한다.

직장인의 경우 회사로 걸려 오는 전화도 받아야 하고, 상사가 부르면 바로 대답해야 하니 외부와 차단된 환경을 만들기가 쉽지 않다. 하지만 걱정할 필요는 없다. 아침에 텔레비전과 스마트폰 보지 않기, 출근 직후 메시지 확인 자제하기, 오전에 미팅 약속 잡지 않기 정도만 실천해도 충분히 집중력 지속 시간을 연장할 수 있다.

오전은 하루 중 가장 중요한 시간이며, 업무 효율성이 최고조에 달하는 때다. 이 골든타임을 잘 활용하는 것이 성공적인 하루를 만드는 첫걸음이다.

일정을 너무 빠듯하게 잡지 말 것

누군가의 일정표를 보면 평일뿐만 아니라 주말까지 할 일이 빼곡하다. 일정이 가득 차 있어야 마음이 편하다는 사람도 있지만, 이것은 마치 엉망으로 어질러진 책상에서 꾸역꾸역 일하는 것과 같다. 시간 여유가 없는 상황은 작업 기억을 압박해 실수를 초래하기 때문이다.

일정이 너무 빡빡하면 오늘 일을 내일로 미룰 수도 없다. 내일도 이미 할 일이 많기 때문이다. 결국 오늘 일을 끝내기 위해 밤늦게까지 무리하게 되고, 이는 실수 확률을 높이고 다음 날 컨디션까지 망치는 악순환을 부른다.

이런 상황을 피하기 위해서는 '조정일'이 필요하다. 한 달에 3일, 즉 열흘에 하루 정도는 어떤 일정도 잡지 않고 완전히 비우는 것이다. 이날은 밀린 일을 처리하거나, 책상을 정리하거나, 미뤄둔 잡무를 한꺼번에 해결한다. 시간 여유가 생기니 업무 진행 상황을 점검하거나 갑작스러운 문제에도 침착하게 대응할 수 있다. 나의 경우 조정일에 다음 책의 주제와 내용을 고민하거나 최신 뇌과학 연구를 찾아보며 새로운 유튜브 영상을 기획하기도 한다.

늘 바쁘다는 말을 입에 달고 사는 사람에게 조정일을 두는 방법을 꼭 추천하고 싶다. 업무를 나의 속도에 맞춰 끌고 나가면서 실수는 줄일 수 있는 간단하지만 확실한 시간 관리법으로 분명 효과가 보일 것이다.

마감일에 대해서도 조정일만큼 중요한 규칙이 있다. 업무 사이에 조정일을 두듯 마감일에도 여유 기간을 두어야 한다. 지난 몇 년간 반복적으로 경험해온 사실인데, 의뢰받은 당시에는 한 달이면 충분해 보이던 일도 막상 진행하면 마감에 쫓기기 일쑤였다. 기한에 맞추더라도 마지막 며칠은 밤을 새워야 했고, 때로는 기한 연장을 요청해야 했다. 이런 무리한 작업은 몸과 마음을 지치게 해 결국 일의 효율을 떨어뜨렸다.

같은 문제가 반복되자 처음부터 기한일을 넉넉하게 잡아보기도 했지만, 기한일을 아무리 늘려 잡아도 일은 언제나 빠듯하게 진행되었고 도저히 여유가 생기지 않았다.

이는 '파킨슨의 법칙Parkinson's laws'과 관련이 있다. 영국의 역사학자이자 경영학자인 노스코트 파킨슨C. Northcote Parkinson은 제2차 세계대전 당시 영국 해군에서 특이한 현상을 발견했다. 해군 장병과 군함의 수는 줄어드는데 이를 관리하는 사무원의 수는 계속 늘어난 것이다. 분석 결과, 그는 조직이 커지면서 업무도 함께 늘어난다는 결론을 얻었다. 오늘날 파킨슨의 법칙은 "업무는 주어진 시간을 모두 채울 때까지 늘어난다"는 의미로 널리 알려져 있다. 한 달로 정한 일은 한 달이 걸리고, 한 달 반으로 잡으면 한 달 반이 필요한 식이다.

마감일을 아무리 여유롭게 잡아도 맞추지 못하자 나는 "마감일 뒤에 조정일을 붙이는 방식"을 시도했다. 마감일 직후의 2일을 조정일로 정해 일정을 비워두는 것이다. 이렇게 일정을 잡으면 마감일까지 일을 마무리하지 못했을 때 조정일을 활용해 끝낼 수 있고, 마감일에 맞춰 일을 끝냈을 때는 조정일을 휴식 기간으로 활용할 수 있어서 효율적이다. 다만 이 이틀을 마감일의 연장으로 여기지 않도록 주의했다. '어차피 이틀 더 있으니까'라는 안일한 생각은 금지하고, 반드시 마감일을 지키겠다는 원칙을 고수했다.

마감 기한이 중요한 이유는 뇌가 집중할 수 있도록 신경전달물질 분비를 유도하기 때문이다. 언제까지 어떤 일을 마무리해야 한다는 사실을 깨달으면 우리 뇌에서는 집중력을 높여주는 노르아드레날린이 분비된다. 이 물질이 나오면 뇌 혈류량이 늘어 집중력이 높아진다. 대학생이 학기말 시험 직전에 초인적인 힘으로 전공과목을 공부하거나, 초등학생이 개학 직전 일주일 안에 방학 숙제를 완성하는 것도 모두 노르아드레날린 덕분이라고 할 수 있다.

결론적으로 조정일은 열흘에 하루, 특히 마감일 뒤에는 이틀 정도를 확보하는 것이 좋다. 하지만 이는 어디까지나 조정을 위한 시간이지 마감의 연장이 아니다. 마감까지 최대한의 집중력을 발휘하되, 뇌가 공황 상태에 빠지지 않도록 돕는 안전장치로 조정일을 활용하자. 일정에 틈을 주면 뇌의 능력을 100퍼센트 끌어내 사용할 수 있다.

3
뇌의 생산성을 높이는 최고의 도구, 투두리스트

투두리스트의 숨겨진 효과

아침에 책상 앞에 앉아 바로 원고 집필에 집중한다고 했지만 사실 그 전에 반드시 하는 일이 있다. 바로 투두리스트To do list 작성이다. 나는 매일 아침 그날 할 일을 전부 적어 목록으로 만든다. 투두리스트를 활용하면 빠르고 정확하게, 무언가를 빠뜨리지 않고 일할 수 있다. 결과적으로 실수 없이 일을 마무리한다. 투두리스트 작성이 뇌과학적으로 어떤 효과가 있는지 살펴보자.

집중의 뇌과학

① 집중력이 흩어지지 않는다

투두리스트가 효과 없다고 비판하는 사람들은 대개 투두리스트를 잘못 활용하고 있을 가능성이 크다. 투두리스트를 제대로 활용하려면 우선 눈에 잘 들어오는 곳에 두어야 한다. 할 일을 빠르게 확인하고 바로 수행하기 위한 도구인데 책꽂이 안쪽이나 서랍 속처럼 보이지 않는 곳에 두면 활용도가 떨어진다. 온갖 서류 더미 속에서 투두리스트를 찾느라 시간을 허비하는 것은 본말이 전도된 상황이다.

스마트폰에 투두리스트를 작성하는 것도 좋은 방법이 아니다. 업무를 마칠 때마다 다음 할 일을 확인하려면 스마트폰을 켜야 하는데, 이때 메시지나 게임 등으로 주의가 흐트러질 수 있다. 한번 주의가 흐트러지면 다시 일에 집중하기까지 최소 15분이 소요된다. 이는 마치 400미터 계주에서 1등으로 달리던 선수가 배턴을 떨어뜨려 꼴찌가 되는 것과 같다. 그럴 바에는 차라리 투두리스트를 작성하지 않는 게 낫다.

나는 매일 투두리스트를 종이에 인쇄해 모니터 왼쪽에 붙인다. 이렇게 두면 일이 끝났을 때 시선을 왼쪽으로 살짝 옮기기만 해도 다음 할 일을 확인할 수 있다. 주의력이 흐트러질 틈 없이 높은 집중력을 유지한 채로 다음 업무로 전환하는 것, 이것이 투두리스트의 핵심이다. 계주 선수가 다음 주자에게 완벽하게 배턴을 넘기듯 집중력을 이어가는 것이다.

② 반복 확인으로 실수를 막는다

아침에 투두리스트를 작성해 눈에 보이는 곳에 두면 하루에도 몇 번씩 목록을 확인하게 된다. 따라서 해야 할 일을 까먹어 저지르는 실수는 자연스럽게 사라진다. 예를 들어 아침에 하루 일정을 점검하고 투두리스트에 "경영지원팀 회의, 오후 3시"라고 적었다면 그 과정에서 뇌에 정보가 각인된다. 그리고 중간중간 목록을 볼 때마다 글자가 다시 입력되어, 무의식적으로 복기가 이루어진다. 점심을 먹고 와서 오후 2시쯤 다른 일을 처리하다가도 투두리스트를 보는 순간 3시에 회의가 있다는 사실을 다시 깨닫고 준비할 수 있다. 즉, 투두리스트가 있으면 일을 잊거나 빼먹지 않는다. 만약 투두리스트를 작성했는데도 할 일을 잊어버렸다면 뇌가 심각한 피로 상태에 있다는 증거이니 휴식을 취하는 것이 시급하다.

평소 투두리스트를 작성하지 않는 사람이 오후 5시까지 프로젝트 기획서를 제출해야 한다고 해보자. 그도 오후 3시까지는 그 사실을 기억하고 있었다. 그러나 3시 30분에 갑자기 거래처에서 연락이 와서 통화하며 응대하다가 시간이 훌쩍 지났다. 전화를 끊고 무언가 할 일이 있었다고 생각하지만 떠오르지 않아 그대로 다른 업무로 넘어갔다. 그러다 퇴근이 다가올 때쯤에야 기획서 제출 기한을 떠올리고 직장 상사를 찾아가야 했다. 만약 이 사람이 투두리스트에 "기획서 제출, 오후 5시까지"라고 적어 잘 보이는 곳에 두기만 했어도 이런 실수는 없었을 것이다.

투두리스트는 모니터에 붙이거나 마우스와 키보드 옆 또는 화이트보드에 자석으로 고정하는 등 반드시 눈에 잘 띄는 곳에 두어야 한다. 업무 중 실수의 대부분은 제대로 확인하지 못해서 발생하는데, 투두리스트를 작성하고 수시로 보는 행위 자체가 확인 작업이 된다. 특히 중요한 사항은 '발표 자료 확인하기', '출장 교통편 확인하기'처럼 명시적으로 적어두면 좋다. 당신이 그날 주의를 기울여야 할 모든 일을 목록에 포함시켜야 한다. 투두리스트를 작성하는 일은 결국 확인하는 습관으로 이어진다. 만약 그동안 확인하지 못해 실수하는 일이 잦았다면 반드시 투두리스트를 활용해보자.

③ 작업 기억 용량이 커진다

투두리스트가 없으면 업무가 끝나갈 때마다 다음 할 일을 떠올리느라 뇌 에너지를 불필요하게 소모해야 한다. 거래처 서류를 먼저 작성할지, 부서 간 메일을 먼저 처리할지 등의 잡념이 작업 기억을 차지하며 집중을 방해한다.

하지만 투두리스트가 있으면 다음 할 일이 명확히 정리되어 있어 잡념이 끼어들 틈이 없다. '다음 할 일이 뭐였지?'라는 생각이 들어도 목록만 확인하면 된다. 이렇게 작업 기억에 여유 공간이 생기면 지금 하는 일에 더 집중할 수 있다.

특히 하루에 10개 이상의 업무를 동시에 처리해야 하는 직장인에게 투두리스트는 필수다. 많은 일을 머릿속에만 담아두면 우선순위를 고민하느라 집중력이 분산되고 뇌가 과부하에 빠질 수 있다. 처리할 일이 많을수록 투두리스트의 필요성은 더욱 커진다.

집중도를 반영한 가바사와 투두리스트

투두리스트의 효과를 이해했으니, 이제 작성법을 구체적으로 살펴보자.

인터넷에 검색하면 바로 활용할 수 있는 다양한 투두리스트 양식이 나온다. 그중 스티븐 코비Stephen Covey가 『성공하는 사람들의 7가지 습관』(김영사, 2023)에서 소개한 방법이 가장 널리 쓰인다. 나도 10년 이상 이 방식을 활용했다. 코비가 소개한 투두리스트는 주어진 과제를 긴급도와 중요도에 따라 네 영역으로 나눈다.

A: 긴급하고 중요한 일

B: 긴급하지 않지만 중요한 일

C: 긴급하지만 중요하지 않은 일

D: 긴급하지도 중요하지도 않은 일

가령, 오늘 오전 내로 완성해야 하는 기획서는 A, 이번 달 말까지 제출해야 하는 결산 보고서는 B, 거래처에 보낼 메일은 C, 옆 팀 동료의 청첩장 모임은 D라는 식으로 말이다. 처음 이 방법을 접하고 크게 감탄했다. 바로 업무에 적용했고 효과도 있었다. 다만, 사용하면 할수록 세부 사항이 아쉬웠다. 일을 긴급도와 중요도에 따라서만 나누니 집중력을 발휘해야 하는 일인지 여부는 반영되지 않았기 때문이다.

모든 일은 집중력이 필요한 일과 그렇지 않은 일로 나뉜다. 집중력이 필요한 일은 오전에 해야 하며, 집중력이 없어도 되는 단순 작업은 오후나 퇴근 직전에 해도 상관없다. 그런데 코비의 방식대로 하면 집중력이 필요한 일도 긴급도와 중요도가 떨어진다는 이유로 뒤로 밀린다. 이런 과정에서 예기치 못한 비효율이 발생한다. 예를 들어 '한 달 내로 마감해야 하는 원고'는 코비의 분류에 따르면 B에 속해 바로 시작하지 않아도 되는 일처럼 보인다. 긴급하지 않다고 판단하고 미루면 결국 일이 오후로 넘어간다. 다만 원고 집필은 고도의 집중력이 필요하기에 같은 분량을 쓰는 데 오전보다 오후에 세 배 이상 걸린다. 게다가 마감 때까지 미루면 결국 마지막에 빠듯하게 일을 처리하면서 원고의 질이 떨어질 수밖에 없다.

그래서 나는 코비의 투두리스트와 달리 집중력 중심으로 시간을 분배하는 '가바사와 투두리스트'를 만들었다. 내가 운영하는 집중력과 뇌과학 관련 온라인 커뮤니티의 회원 600여 명이 직접 활용하고 업무 효율이 크게 늘었다는 긍정적인 평을 남겼으니 검증된 활용 도구인 셈이다. 그들로부터 받은 피드백을 반영해 수정한 최종판은 수천 명 이상의 사람들이 다운받아 활용하고 있다. 115쪽에 내가 만든 투두리스트를 실어두었다. 이 리스트는 손으로 직접 쓰는 게 아니라 정해진 양식에 맞춰 내용만 채워 활용하면 된다. 아래 링크로 접속해 메일 주소를 입력하면 양식을 받아 편리하게 사용할 수 있다.

투두리스트 양식 http://kabasawa.biz/b/todo.html

① 아침에 책상 앞에 앉자마자 작성하라

투두리스트를 작성하는 방법은 간단하다. 아침에 컴퓨터를 켜고 가장 먼저 투두리스트 파일을 연 뒤 달력과 일정표를 확인해 그날 할 일을 옮겨 적으면 된다. 그런 뒤 인쇄해 책상 위에 두면 끝이다. 나는 주로 모니터 옆에 붙이지만 필요에 따라 자주 시선이 가는 화이트보드에 붙이기도 한다. 과제를 완료할 때마다 필기구로 선을 그어 지운다. 확실히 표시하면 성취감이 더 크게 느껴져 일부러 빨간 색연필로 굵게 긋는다.

아침부터 할 일을 기록하는 것이 부담스럽다면, 전날 작성한 목록에 이어서 작성해도 좋다. 어제 파일을 열어 오늘 일을 추가하면 전날 성취도를 평가할 수 있고, 직장에서 매일 반복하는 일은 다시 쓸 필요도 없다. 컴퓨터로 작성하라는 이유도 여기에 있다. 손으로 쓰면 시간이 오래 걸리기 때문이다. 익숙해지면 목록 작성에 3분도 걸리지 않고, 숙련되면 1분 안에 작성해 인쇄까지 마칠 수 있다.

효율을 더 높이려면 일과 시작 전에 그날의 업무나 과제를 미리 생각해두는 것이 좋다. 출근길 지하철이나 버스 안에서, 또는 걸어가면서 할 일을 정리해두자. 나는 아침 샤워 시간에 그날의 일정과 할 일을 머릿속으로 정리한다. 이렇게 하면 책상에 앉자마자 바로 목록을 작성하게 된다. 컴퓨터 앞에서 고민하는 것보다 5~10분 이상 시간을 절약할 수 있어, 집중력이 높은 오전 시간을 더 효율적으로 활용할 수 있다.

그럼 이제 투두리스트에 할 일을 구체적으로 어떻게 작성하는지 살펴보자.

② 여섯 항목, 세 가지 업무

가바사와 투두리스트는 '오전, 오후, 매일, 틈새 시간, 여가, 기타' 여섯 항목으로 구성되며, 각 항목에 세 가지씩 기록할 수 있다. 총 18줄이지만 필요한 만큼만 채우면 된다.

'오전'과 '오후' 칸의 첫 번째 줄에는 각각 가장 집중력이 필요한 중요 업무를 배치한다. 업무의 중요도는 개인의 상황에 따라 다르다. 예를 들어 거래처에 보내는 중요한 보고 메일이라면 단순 메일 답장과 달리 첫 항목으로 넣을 수 있다. 결국 집중력을 기준으로 긴급도와 중요도를 고려해 핵심 업무 세 가지를 배열하는 셈이다.

'매일' 칸에는 날마다 하는 일을 적어라. 누구나 메일 확인, 일일 보고서 제출 등 반복하는 업무가 있다. 이런 일은 언제 하는 것이 좋은지 경험적으로 알 것이다. 메일 확인은 오전 내내 열심히 일하고 점심시간 전 막간을 이용해, 일일 보고서 제출은 퇴근 직전에 하는 것처럼 말이다. 시간대에 신경 쓰지

그림 5. 가바사와 투두리스트

왼쪽 칸에 적힌 것은 시간이 아니라 일의 집중도다. 오전 1은 오전에 가장 집중
해야 하는 일을 가리킨다.

오전 1		
오전 2		
오전 3		
오후 1		
오후 2		
오후 3		
매일 1		
매일 2		
매일 3		
틈새 시간 1		
틈새 시간 2		
틈새 시간 3		
여가 1		
여가 2		
여가 3		
기타 1		
기타 2		
기타 3		

않고 매일 칸에 넣으면 된다.

'틈새 시간' 칸에는 10분 안에 끝낼 수 있는, 말 그대로 틈새를 이용해 할 수 있는 간단한 것들을 적는다. 비품 구매하기, 간단한 메시지 보내기 등 특별한 고민 없이 해낼 수 있는 일들을 위한 칸이다. 이런 일들은 깜빡 잊기 쉬운데, 투두리스트에 쓰면 잊지 않고 처리할 수 있다.

다음은 '여가' 칸이다. 이걸 보고 많은 사람이 어리둥절해한다. 여기는 퇴근 후에 즐길 취미나 오락, 가족과의 시간이나 친구와의 약속을 적으면 되는데 할 일 리스트에 왜 굳이 여가 계획까지 써야 하느냐고 질문하는 사람이 많다. 그 이유는 뒤에서 자세히 설명하겠다.

마지막으로 '기타' 칸에는 집중력을 발휘하지 않아도 될, 코비의 표현에 따르면 '긴급하지도 중요하지도 않은' 과제를 쓰면 된다. 또는 예비 공간이라 생각하고 나중에 할 일이 추가로 들어오면 그때 넣으면 된다.

가바사와 투두리스트를 작성할 때는 항목별로 할 일을 '세 가지'만 적어야 한다는 점을 기억하자. 우리 뇌가 주의를 기울이고 기억할 수 있는 작업 기억의 용량은 기껏해야 세 가지 정도다. 시간대에 따라 할 일을 셋으로 제한해야 집중해 처리할 수 있다. 또한 목록을 간소화해야 일의 흐름을 머릿속에 그럴 수 있다.

사람들이 많이 쓰는 체크리스트를 보면 열 개 이상의 과제를 무작위로 기록하게 되어 있지만, 이런 방식으로는 업무 전체를 한눈에 파악할 수 없다. 오전 중 해야 할 일이 열 개를 넘어가면 그것만으로 벅차서 뇌가 다른 정보를 받아들일 틈이 없다. 내가 만든 투두리스트의 핵심은 일을 여섯 항목으로 분류하고, 항목당 세 가지로 제한한 것이다. 긴급하지 않은 일은 틈새 시간과 기타 칸에 적도록 하자. 이렇게 항목별로 나누어 적기만 해도 업무 전체가 한눈에 보인다.

각 칸에 적힌 세부 업무는 쉼표나 슬래시, 괄호를 활용해 묶거나 나눌 수 있다. "견적서 작성, 거래처 담당자에게 메일" 또는 "뉴스레터 발행/블로그 업로드"처럼 말이다. 작성이 끝나면 가장 집중이 필요한 일에는 별(★) 표시를, 긴급한 일에는 동심원(◎) 표시를 해두면 좋다.

나의 '가바사와 투두리스트'는 기존 방식과 달리 시간대와 집중력을 고려해 나누었고, 항목별로 할 일을 세 가지로 좁힌다는 부분이 차별화 요소다. 단, 이는 어디까지나 기본 양식일 뿐이다. 핵심은 다음에 할 일을 빠르게 파악하는 것이므로 양식에 얽매이지 말고 각자 편하고 효율적인 방식으로 업무를 분류해 자기만의 투두리스트를 만들자.

③ 여가 항목을 작성하면 효율이 올라간다

투두리스트에 여가 계획을 기록하는 것이 의아할 수 있다. 하지만 이는 업무 효율을 높이는 중요한 장치다. 다음 페이지의 예시에서 나는 영화를 예매하고 "영화《스파이더맨》오후 9시 10분"이라고 시간까지 써두었다. 이렇게 써두면 '오후 8시 30분까지 반드시 일을 마무리해야지'라는 동기부여가 자연스럽게 된다.

이 방법을 사용한 뒤부터 실제로 일이 아무리 많아도 미리 적어둔 시간까지 모두 끝마칠 수 있었다. 투두리스트를 보면 두뇌가 활성화되어 그럴 것이다. 빠르게 일을 마무리할 수 있도록 집중력 발휘 모드로 바뀌는 것이다. 만약 여가 칸이 없다면 막연히 '일이 일찍 끝나면 저녁에는 영화나 볼까?'라고 생각하다가 무의식중에 잊어버리고 일을 계속할 것이고, 퇴근한 뒤에는 이미 늦어 영화관에 갈 수 없을지도 모른다.

대부분 휴식보다 일을 우선시하다 보니 자신도 모르게 취미와 여가는 뒤로 밀린다. 요즘은 그래도 워라밸을 인정하고 보장하려는 사회 분위기가 생겨 일과 개인적인 삶을 잘 조율하는 사람이 느는 추세이다. 나도 워라밸을 아주 중시한다. 일만 하는 인생이 무슨 의미가 있겠는가? 일한 만큼 즐겁게 쉬고 놀아야 만족스럽게 살 수 있다. 노는 시간은 일하는 시간

그림 6. 가바사와 투두리스트 예시

실제 나의 하루를 반영해 작성했다. 18개 항목을 쓸 수 있지만, 중요한 일이 없다면 빈칸으로 두어도 된다.

오전 1	★	원고 집필(제2장 15페이지까지)
오전 2		
오전 3		
오후 1		경제지 투고 기사 확인, 오늘 마감
오후 2	◎	방송 녹화, 오후 2시에 DMC 타워
오후 3		온라인 심리학 강연 공지문 작성
매일 1		유튜브 업로드/뉴스레터 발행/블로그 업로드
매일 2		출판사 담당자에게 메시지
매일 3		
틈새 시간 1		마드리드 호텔 예약
틈새 시간 2		서점 사이트에서 스페인 여행서 구매
틈새 시간 3		A4용지 주문
여가 1		피트니스 센터 개인 PT 오후 7시
여가 2		영화 《스파이더맨》 오후 9시 10분
여가 3		
기타 1		책상 정리
기타 2		컴퓨터 바탕화면 파일 정리
기타 3		

만큼이나 중요하다. 열심히 일하고 즐겁게 놀아야 쌓인 스트레스를 모두 풀고 다음 날 다시 집중해서 능력을 발휘할 수 있다. 여가 항목을 만든 이유는 여기에 있다. 한가한 시간을 확보해야 업무 능력도 좋아지기 때문이다.

실제로 여가 칸을 활용한 후 휴식의 질이 좋아졌을 뿐 아니라 대인관계도 개선되었다. "아내와 식사, 오후 8시에 집 근처 레스토랑"처럼 구체적으로 적어두면, 7시 30분까지는 일을 마무리하고 출발해야 한다는 생각에 자연스럽게 업무 속도가 올라간다. 여가 항목은 동기를 부여해 집중력과 효율성을 최대한으로 끌어올리는 요소다. 투두리스트에 반드시 여가 항목을 추가하라. 동기부여가 되는 것은 물론이고, 삶의 질도 훨씬 높아질 것이다.

일이 안 될 땐 일단 화이트보드에 쓰자

투두리스트 활용법에 대해 강연을 하면 질의응답 시간에 "저는 매일 투두리스트를 작성합니다. 다음에 할 일은 분명히 알겠는데, 그래도 일에 집중하기가 힘듭니다. 자꾸 딴짓을 하고 옆길로 새게 돼요. 정신을 차려 보면 업무와 관련 없는 일

집중의 뇌과학

을 하고 있습니다. 어떻게 하면 좋을까요?"라고 조언을 구하는 사람이 있다.

이는 뇌가 각성 상태를 90분 이상 유지하지 못하기 때문이다. 사람은 90분 정도 집중하고 나면 집중력이 떨어진다. 이때 자잘한 실수를 저지르거나 하던 일에서 벗어나 옆길로 새기 쉽다. 한번 딴짓을 시작하면 연쇄적으로 이어져 결국 아무 일도 제대로 마무리하지 못한 채 업무 시간이 다 지나가기도 한다. 오랜 시간 책상에 앉아 있었지만 성과를 내지 못했다는 자괴감에 시달리며, 이를 만회하려고 야근을 반복하는 경우도 흔하다.

이런 상황을 예방하기 위해, 집중력을 유지하며 효율적으로 일할 수 있는 간단하고 효과적인 방법을 소개한다. 바로 화이트보드 활용법이다. 책상 위에 둘 수 있는 휴대용 화이트보드를 준비해, 해야 할 일과 제한 시간을 적어보자. 예를 들어 "원고 집필(제2장), 12시까지"처럼 구체적으로 적는 것이다. 이때 화이트보드에 글씨를 큼직하게 쓰는 것이 중요하다. 힐끗 봐도 바로 눈에 들어오도록 말이다. 그런 다음, 화이트보드를 모니터 옆에 세워 두면 준비는 끝난다.

화이트보드는 투두리스트의 연장선에 있는 도구로, 여러 과제 중 지금 당장 해야 할 일에 집중하도록 도와주는 조력자다. 화이트보드에 적힌 글자가 눈에 보이는 곳에 있으면 집중력이 흐려지려는 순간에도 그 내용을 의식하게 된다. 예를 들어 시선이 모니터에서 다른 곳으로 흘러갈 때 화이트보드가 눈에 들어오면 "아, 12시까지 30분밖에 안 남았네. 빨리 끝내야 해!"라는 생각이 떠오른다. 이렇게 화이트보드는 산만해진 집중력을 다시 모아주는 역할을 한다.

우리의 뇌는 시야에 들어오는 정보를 자동으로 처리하는 특성이 있다. 따라서 집중력이 흐트러진 순간에도 현재 진행 중인 업무가 눈에 잘 보이도록 환경을 조성하는 것이 중요하다. 놀랍게도 이런 단순한 시각적 장치가 '일단 지금 하던 일부터 끝내야지'라는 생각을 불러일으켜 집중력을 되찾게 한다. 덕분에 스마트폰에 시간을 허비하지 않고 업무로 빠르게 복귀할 수 있다.

하던 일을 다 마무리하면 투두리스트와 마찬가지로 화이트보드에 쓴 글자를 지우면 된다. 크게 썼던 글자를 지우고 다시 빈칸이 된 화이트보드를 보면 해냈다는 성취감과 만족감을 동시에 얻을 수 있다. 나는 화이트보드를 지우는 순간 뇌의 작업 기억도 말끔하게 정리되어 다음 과제를 이어갈 집중력이 충전된다고 느낀다.

화이트보드는 일하다가 집중력이 떨어지는 순간뿐만 아니

라 책상 앞에 앉아 일을 시작하는 순간에도 유용한 도구다. 우리는 어떤 일이 어렵고 오랜 시간이 필요한 것처럼 보이면 쉽사리 손대지 못한다. 뇌가 부담을 느끼니 손이 가지 않는 것이 당연한 일이다. 이럴 때 화이트보드에 할 일과 제한 시간을 크게 적으면 놀랍게도 시작할 힘이 생긴다. 앞서 2장에서 손으로 메모를 하면 망상 활성계가 자극을 받아 노르아드레날린이 분비되고 집중력이 향상된다고 이야기했는데, 화이트보드에 손으로 크게 글씨를 쓰는 것도 같은 원리다. 이 과정에서 "지금 바로 시작해야겠다"는 의지와 집중력이 자연스럽게 생겨난다.

만약 이 방법으로도 도저히 시작할 엄두가 나지 않는다면, 화이트보드에 적힌 내용을 큰 소리로 읽어보는 것도 도움이 된다. 예를 들어, "원고 2장 집필은 12시까지 끝내자. 할 수 있어! 아자!"라고 스스로에게 외치고 자리에 앉아보자. 마음가짐이 달라지고, 의욕과 집중력이 순간적으로 20~30퍼센트 정도 상승하는 것을 느낄 수 있다.

심리학에서 그 이유를 찾을 수 있는데 바로 '인지부조화' 때문이다. 인지부조화란 미국의 사회심리학자 레온 페스팅거 Leon Festinger가 제시한 것으로 사람이 서로 모순되는 심리와 행동으로 인해 정신적 불편함을 느낄 때 이를 해결하기 위해

태도나 행동을 변화시킨다는 개념이다. 화이트보드의 일정과 마감 기한을 확인하는 순간 지금 자신이 그 일을 하고 있지 않다는 사실에 불편함을 느껴 행동하게 되는 것이다. 쉽게 말해 화이트보드는 당신에게 '당장 해야 한다는 기분'이 들게 만든다. 책상 위, 잘 보이는 곳에 화이트보드를 두면 분명 유용할 것이다.

4
실수 없이 성과를 내는
일잘러의 기술

'하나씩 순서대로'가 가장 효율적이다

한꺼번에 많은 정보가 들어오면 뇌는 공황 상태에 빠진다. 예를 들어 당신이 회사에 출근하자마자 상사가 기다렸다는 듯이 일 폭탄을 안겨주었다고 해보자.

"프로젝트 수정안 팀 전체 메일로 공유하고 본부장님께 전화해서 오늘 20분만 시간 내달라고 요청해줘. 어제 진행한 회의록은 정리해서 나한테 보내고, 경비 정산해서 보고해. 다음주에 거래처 접대 있는 거 알지? 회식 장소 정해서 예약하고 참석자에게 돌릴 선물 좀 알아봐. 아, 끝날 때 이용할 수 있도록 인원수 맞춰서 택시도 미리 예약 부탁해. 오늘 오후 4시까지 전부 완료해서 보고하도록."

각각의 일만 놓고 보면 그리 어렵지 않은데 한꺼번에 이렇게 많은 지시를 받으면 뇌가 과부하에 걸릴 수밖에 없다. 우리 뇌의 작업 기억력은 고작해야 한 번에 세 가지 일을 기억할 수 있는 수준이기 때문이다.

이런 상황에는 먼저 뇌의 작업 공간을 비워야 한다. 가장 좋은 방법은 바로 메모하기다. 지시받은 업무를 전부 투두리스트나 메모지에 기록하면 된다. "수정안 팀 전체 메일", "본부장님 시간 요청", "회의록 팀장님 메일", "경비 정산", "회식 장소 및 택시 예약" 등으로 말이다. 듣는 순간 핵심만 요약해 적으면 나중에 다시 확인할 수 있으므로 지금 당장 뇌의 작업 기억을 비울 수 있다. 즉, 메모하는 것은 일을 하나하나 해나갈 여유를 확보하는 중간 과정이다. 금세 처리할 수 있는 간단한 일이라고 해서 메모하지 않았다가는 잊어버리기 십상이니 지시받은 업무는 반드시 바로 메모하길 바란다.

메모한 뒤에는 하나씩 차근차근 처리하면 된다. 이때 중요한 것은 두 가지 일을 동시에 하지 않는 것이다. 많은 사람들이 일을 하는 도중에 들어온 다른 일을 빨리 쳐내려다가 실수를 저지른다. 앞에서 설명했듯이, 정보를 입력하거나 출력할 때 두 가지 이상의 작업을 동시에 하면 뇌의 효율이 떨어져 실수하기 쉽다.

예를 들어 상사로부터 지시받은 대로 프로젝트 수정안을 팀원들에게 공유하려고 메일을 쓰고 있는데 본부장실에 먼저 연락해 일정을 잡으라는 요청이 들어왔다고 하자. 만약 메일 쓰던 것을 멈추고 바로 본부장실에 전화를 건다면 그 일은 잘 처리하겠지만 다시 돌아와 메일을 보낼 때 실수할 가능성이 크다. 팀원 중 한 사람을 빼놓고 보내거나, 수정안이 아니라 기존 자료를 보내는 식으로 말이다.

이런 사태를 막기 위해 기본적으로 업무는 하나씩 처리해야 한다. 업무를 효율적으로 처리하는 법은 마치 뽁뽁이 포장을 터뜨리는 것과 같다. 뽁뽁이를 한꺼번에 뭉쳐서 터뜨리려 하면 일부는 터지지 않은 채 남는다. 가장 효율적이고 빠른 방법은 한 칸씩 순서대로 터뜨리는 것이다.

한번은 전국 팔씨름 대회에서 우승했던 내 지인이 코웃음을 치며 뽁뽁이를 뭉쳐서 한 번에 움켜쥐어 터뜨린 적이 있다. 그는 팔 근육을 자랑하며 자신만만하게 뽁뽁이가 전부 터졌을 것이라고 장담했지만 펼쳐 보니 전체의 3분의 1 정도가 터졌을 뿐 나머지는 여전히 공기가 차 있었다.

일도 마찬가지다. 작업 기억 용량이 큰 사람도 사실상 모든 일을 하나씩 순서대로 처리한다. 그 과정에서 겉보기에 여러 일을 동시에 해내는 것처럼 보일 뿐이다. 중요한 업무든 부수적인 업무든, '하나씩 순서대로' 진행하는 것이 가장 효율적이고 실수를 줄이는 방법이다.

예컨대 A사와 프로젝트를 진행하고 있는데 영업팀에서 B사로부터 대형 안건을 따냈다고 하자. 큰 프로젝트 두 개를 동시에 추진해야 하므로 인력이 부족해 매일 야근해야 하는 상황이 되었다. 그러나 아무리 모든 팀원이 야근을 한다고 해도 A사와 B사의 일을 동시에 완벽히 처리할 수는 없다. 우선 A사와의 프로젝트에서 큰 틀을 잡고 B사 일로 넘어가는 것이 효율적이다.

이 원칙은 단순한 업무뿐만 아니라 모든 일에 적용된다. 예전에 내 지인 중 한 명은 첫 책이 베스트셀러가 되자 곧바로 대형 출판사 두 곳과 동시에 신간 출간 계약을 맺었다. 그는 살인적인 일정 속에 두 권의 책을 완성했지만, 충분히 집중할 시간을 확보하지 못해서인지 둘 다 평범한 수준의 판매량에 그쳤다며 무척 아쉬워했다.

'하나씩 차근차근 진행하기'는 일, 연애, 인간관계 어디에나 적용되는 법칙이다. 에너지를 여러 곳에 분산하지 말고 하나에 집중해야 한다. 눈앞에 놓인 일에 몰입해 완전히 마무리한 뒤 다음 일로 넘어가는 방식으로 일하자. 물론 중간중간 급한 일이 들어오면 처리해야 하지만, 지금 가장 집중할 일이 무엇인지는 각자 잘 알 것이다.

업무를 빠르게 하려고 이것저것 동시에 처리하면 나중에 더 큰 시간을 들여 수정해야 한다. 눈앞의 일부터 공들여 차례차례 해내는 것이 가장 효율적으로 업무를 처리하는 동시에 실수를 줄이는 방법임을 늘 기억하자.

미룬 일은 투두리스트에 기록하라

미루는 습관은 현대인을 괴롭히는 고질적인 문제다. 사소한 일일수록 미루다가 잊어버려 나중에 낭패를 보는 경우가 많다. 나에게도 그런 경험이 있다. 몇 년 전, 해외 학회를 앞두고 숙소를 예약해야 했는데 원고 집필이 더 급하다고 판단해 미루어두었다. 그러다가 결국 출장 전날이 되어서야 부랴부랴 호텔을 알아봤는데, 이미 대부분이 만실이라 굉장히 비싼 비용을 지불하고 예약할 수밖에 없었다. 미루었다가 그대로 잊는 바람에 문제가 생기는 이런 경험은 누구에게나 있을 것이다.

미루기는 대게 귀찮아서 생기는 문제지만 너무 바빠서 일어나는 일이기도 하다. 일이 정신없이 바쁠 때는 뇌에 남은 작업 기억 용량이 부족해 반드시 처리해야 할 중요한 정보라고 입력해도 어느새 새어나가 잊어버리는 경우가 많다. 즉, 기억력을 너무 믿은 탓에 생기는 실수다. 이런 실수를 저지르지 않으려면 일을 미루는 순간에 바로 투두리스트에 적으면 된다. 가령 학회 숙소 예약 같은 업무는 투두리스트의 '기타' 칸에 넣으면 된다. 단 10초면 충분하다.

투두리스트에 적어두면 일을 미루었다가 까먹는 실수를 자연스럽게 방지할 수 있다. 잘 보이는 곳에 두고 하루에도 몇 번씩 확인하기 때문에 지금 하지 못한 일은 나중에라도 확실히 처리할 수 있다. 하루 동안 완료하지 못한 업무는 다음 날로 옮겨 적으면 된다. 이런 방식을 습관화하면, 오늘 미룬 일도 내일 처리할 수 있다.

사소한 일일지라도 미룰 때는 반드시 투두리스트에 기록하라. 그렇게 하면 잊어버려 발생하는 실수를 효과적으로 줄일 수 있다. 투두리스트는 당신의 작업 기억력을 보조하고 집중력을 개선해주는 최고의 도구다. 그 중요성은 아무리 강조해도 과하지 않다.

완벽한 시작보다 빠른 완성이 중요하다

나는 집중력과 뇌과학에 관한 정보를 공유하는 온라인 커뮤니티를 운영한다. 해당 커뮤니티에서 집중력 관련 내용뿐만 아니라 원고를 집필해 책 출간하는 법도 꾸준히 공유해왔고, 회원 중 수십 명이 매년 작가 등단의 꿈을 이룬다.

지난 20년간 50권의 책을 내면서 작가로서 노하우가 많이 쌓여 나는 이제 초고 집필에 1~2개월이면 충분하다. 주제와 내용에 따라 다르기는 하지만 핵심 콘셉트만 잡으면 속도를 높여 빠르게 탈고할 수 있다. 반면 처음 글을 쓰는 사람을 보면 초고를 완성하기까지 상당한 시간이 걸린다. 3개월 만에 초고를 완성한 사람을 봤는데 이례적으로 빠른 경우였고 대부분은 반년 이상, 사람에 따라 1년 이상 걸리기도 한다. 원고 분량은 비슷비슷한데 왜 이렇게 편차가 클까?

물론 여러 권을 출간한 작가와 초보 작가의 집필 속도가 같을 수는 없다. 기성 작가는 글을 쓰는 것이 익숙하고 경험적으로 훈련이 되어 있다. 그러나 초보 작가가 느린 이유는 경험이나 훈련 부족보다는 처음부터 완벽한 글을 쓰려는 욕심 때문이다. 좋은 글을 쓰고자 하는 열정은 이해하지만, 완벽을 추구하다 보면 글을 쓰다가 다시 앞부분으로 돌아가게 되고 속도가 느려질 수밖에 없다.

나는 어떤 책이든 초고를 쓸 때 '30점짜리 수준의 글이라도 일단 끝까지 쓰자'라는 마음으로 임한다. 20점이든 40점이든 우선 원고를 완성하고, 그런 뒤에 종이로 출력해서 바로 수정 작업에 들어간다. 빠르게 초고를 완성해서 퇴고에 돌입하는 것이다. 한 차례 퇴고하면 원고의 수준이 50점 정도로 올라가고, 다시 한 번 퇴고를 거치면 70점짜리가 된다. 마지막으로 90점까지 올린다는 마음으로 수정한다. 여러 번 퇴고를 거치는 이유는 완성도를 높일 뿐만 아니라 사실 여부를 확인하고 틀린 부분을 바로잡기 위해서다.

처음부터 완벽한 결과물을 만들어낼 욕심은 내려놓아야 한다. 100점을 목표로 삼는다고 갑자기 명문장이 떠오르지는 않는다. 초보 작가가 처음부터 완벽한 글을 쓰겠다고 고집하다가는 한 글자도 쓰지 못하고 그저 시간만 낭비하기 쉽다. 글은 일단 끝까지 완성해야 비로소 앞뒤의 흐름과 전체 문맥이 보인다. 나도 작가로서 여러 권의 책을 냈지만 글을 쓰면 쓸수록 처음부터 완벽한 원고를 완성하는 방법은 없다는 생각이 든다.

이 원칙은 글쓰기뿐 아니라 업무에도 적용된다. 한 가지 예로 보고서를 작성할 때도 비슷하다. 처음부터 100점짜리를 목표로 하면 기한을 맞추기 어려울 수 있다. 우선 30점짜리라도 전체적인 흐름을 잡아야 한다. 그렇게 해야만 수정과 보완을 통해 점점 완성도를 높여갈 수 있다.

무엇이든 완벽주의자가 아니라 '완성주의자'가 되는 것이 더 효율적이다. 처음부터 완벽을 목표로 하기보다 일단 완성한 뒤 보완해가는 방식으로 접근하라. 이 방법이 당신의 업무 능률을 크게 높여줄 것이다.

핵심 정리

① 뇌에서 정보를 처리해 결과물을 내놓는 과정인 '출력'은 업무 성과의 90퍼센트 이상을 결정하는 가장 중요한 단계다. 출력 단계에서 실수를 줄일수록 좋은 결과물이 나온다.

② 집중력을 유지하기 위해서는 시간을 잘 활용해야 한다. 자연적인 생체 리듬에 맞춰 오전에 집중력이 필요한 일을 하는 것이 좋다. 업무 사이에 조정일을 넣으면 여유가 생겨 실수를 줄일 수 있다.

③ 일을 중요도와 긴급도로만 판단하는 방식에서 벗어나 집중도에 따라 우선순위를 정하는 '가바사와 투두리스트'를 활용하라. 투두리스트에 여가 계획도 함께 써넣으면 동기부여가 되어 일을 더 빠르게 완수할 수 있다.

④ 일은 하나씩 순서대로 하는 것이 가장 신속하고 효율적이다. 처음부터 완벽하게 하기보다 일단 완성하고 반복적으로 확인하며 완성도를 높여라.

PART 4

지치지 않고
꾸준히 집중하기 위한 힘,
자기통찰력

뇌의 능력을 최대한 활용하기 위해서는

뇌의 상태를 객관적으로 파악할 수 있어야 한다.

이것을 가능하게 하는 힘을 '자기통찰력'이라고 한다.

일상 기록과 생각 연습을 통해 자기통찰력을 기르면

집중력을 근본적으로 개선할 수 있다.

1
나를 알아야
집중력을 개선할 수 있다

지금까지 효율적으로 정보를 받아들이는 입력법과 실수 없이 결과물을 내는 출력법을 소개했다. 이는 즉각 효과를 가져오는 응급 처치에 가까운 방법이다. 하지만 독자 중 누군가는 '뇌에 불필요한 정보를 넣지 말고 모든 업무는 투두리스트에 정리하라는 말은 알겠어. 그렇게 해도 여전히 일에 집중하기 어려운데 어떻게 하지?'라고 생각할 수도 있다. 그런 이에게는 이번 장이 도움이 될 것이다.

사람의 뇌는 저마다 다르다. 태생적으로 집중력이 부족하고 주의가 산만한 사람이 있기 마련이다. 체질을 바꾸기란 쉽지 않지만, 사고방식을 조금만 조정해도 집중력을 개선할 수 있다. 지금부터 단순히 실수를 줄이는 법을 뛰어넘어 근본적인 원인을 찾아 집중력을 강화하는 방법을 설명하고자 한다. 이 힘의 핵심은 '자기통찰력'이다.

내 상태를 진단하는 3단계 질문법

집중력이 떨어지는 원인은 크게 세 가지로 생체 리듬에 따른 신체 피로가 쌓여서, 스트레스로 전두엽 기능이 떨어져서, 작업 기억력이 부족해서다. 집중하기 위해서는 이 문제들을 해결해야 한다. 아래 질문을 통해 자신의 상태를 점검해보자.

· 지금 나는 집중력이 높은 상태인가, 낮은 상태인가?
· 뇌의 피로도는 어느 정도인가?
· 작업 기억 용량은 충분한가?
· 정신 상태와 기분은 어떠한가? 우울하진 않은가?

질문에 정확히 답할 수 있다면 자기 자신을 객관적으로 평가할 수 있는 상태이므로 집중력이 떨어져도 빨리 알아차리

집중의 뇌과학

고 회복할 수 있다. 이를테면 '요즘 잠을 충분히 못 자서 피곤하네. 퇴근까지 시간이 좀 남았지만 지금 결산 보고서를 작성하긴 어렵겠어. 기한은 내일까지니까 오늘 일찍 퇴근해서 푹 쉬고, 보고서는 내일 오전에 집중해서 끝내야지', '오전 내내 쉬지 않고 일했더니 더는 집중이 안 돼. 최종 데이터 확인은 점심 먹고 와서 하는 게 낫겠군' 하는 식으로 생산성이 떨어졌음을 판단할 수 있다.

자기 자신의 정신 상태를 파악하는 능력을 심리학 용어로 '내성Introspection, 內省'이라고 한다. 내성을 쉽게 풀어 말한 것이 자기통찰력으로, 대중적으로 더 많이 쓰이는 단어이므로 이 책에서는 자기통찰력이라는 표현을 사용하겠다. 단, 내성은 '마음'과 '정신'을 돌아보는 능력이라는 의미가 크지만 자기통찰력은 마음과 정신뿐만 아니라 '몸 상태'까지 돌아보는 좀 더 넓은 능력을 뜻한다.

집중력은 뇌뿐만 아니라 몸이 두루 건강할 때 발휘할 수 있다. 참고로 정신질환을 앓는 사람 중 대다수는 자기통찰력이 낮다. 생각이 원활하게 흘러가지 못해 자기 상태를 정확히 인지하지 못하는 것이다. 앞에서 사고방식을 바꾸면 근본적인 문제를 해결해 집중력을 개선할 수 있다고 했는데, 자기통찰력 함양에 도움이 되는 질문은 다음과 같다.

1단계: 자기통찰

· 지금 나의 컨디션은 좋은가, 나쁜가?

· 뇌가 집중할 수 있는 상태인가?

· 지금 저지르기 쉬운 실수는 무엇인가?

2단계: 원인 파악

· 컨디션이 좋지 않은 이유는 무엇인가? 어제 잠은 잘 잤나?

· 집중력이 낮은 이유는 무엇인가?

· 뇌의 작업 기억 용량이 부족하지 않은가?

· 이번 실수는 왜 일어났는가? 원인이 무엇인가?

3단계: 대책 마련

· 피로를 풀기 위해 무엇을 해야 하는가?

· 실수로 인한 피해를 최소화하려면 어떻게 해야 하는가?

· 실수를 반복하지 않으려면 무엇을 해야 하는가?

일을 하다가 실수가 발생했을 때나 집중이 되지 않을 때 위와 같은 3단계 질문을 차례차례 던져보자. 지금 나의 상태를 진단하고 실수에 대비한다는 생각으로 각 질문에 명확히 답해야 한다. 이런 질문을 던지고 생각하는 것만으로도 잠시 머리가 차분해지며 흩어진 주의력을 일부 회복할 수 있다.

자기통찰은 실수의 원인을 파악하고 예방하는 과정에서 가장 핵심적인 단계다. 자신의 상태를 정확히 진단하면 문제 해결과 대책 마련이 한결 수월해진다. 나를 관찰하고 판단하는 습관이 몸에 배면, 실수가 발생해도 침착하게 대응할 수 있다.

자기통찰 없이 문제의 원인을 파악하거나 해결책을 찾는 것은 불가능하다. 자기통찰력을 높이려면 꾸준히 자신의 몸과 마음 상태를 돌아보고 객관적으로 분석하는 훈련이 필요하다. 이러한 훈련을 통해 집중력이 저하되었을 때도 신속하게 회복할 수 있는 역량을 갖추게 된다.

자기통찰력을 길러야 하는 이유

자기통찰은 정말 중요하지만, 자신의 몸과 마음 상태를 정확히 파악하기란 불가능에 가깝다. 우울증을 앓는 환자에게 상태 파악을 위해 몇 가지 질문을 하면 십중팔구 "제 상태는 제가 이미 압니다. 저번에 주신 약이 잘 받던데, 같은 약을 좀 처방해주세요"라고 답한다.

'내 상태는 내가 제일 잘 안다'는 생각은 분명 착각이다. 모든 사람이 자신의 상태를 객관적으로 알 수 있다면 우울증이라는 병은 애초에 없었을 것이고, 과로라는 단어도 등장하지 않았을 것이다. 안타깝게도 지치고 피로가 쌓인 사람일수록 자신의 상태를 제대로 판단하지 못한다.

내가 만났던 40대 남성 A 씨의 사례를 보자. 그는 아내의 권유로 진료실을 찾았는데, 상담 결과 삶의 의욕이 없고 마음속에 억울함과 분노가 쌓여 있었다. 전형적인 우울증 증상이었고, 방치하면 조만간 입원해야 할 정도의 상태였다. 의사로서 한 달간의 휴식을 권했지만, 그는 "저는 괜찮습니다. 조금 피곤할 뿐이에요. 수면제만 처방해주세요"라며 손사래를 쳤다. 심각한 상태임에도 '아직 괜찮은 수준'이라고 판단한 것이다.

이번에는 직장에서 있을 법한 상황을 생각해보자. B 과장은 늘 착실하던 C 사원이 요즘 실수를 자주 저질러 예의 주시하고 있다. 그러던 중 C 사원이 거래처와의 중요한 미팅에 까먹고 참석하지 않는 큰 사고를 치고 말았다. B 과장은 화가 났지만 침착하게 C 사원을 불러 물었다.

"회의를 잊다니, 어떻게 된 거야? 거래처에서 계약을 해지하겠다는 말까지 나왔어. 요즘 보고서에도 오류가 많던데, 너무 무리하고 있는 것 아닌가?"

C 사원은 고개를 푹 수그리고 있다가 "아닙니다, 다른 일이 바빠 잠시 까먹었습니다. 정말 죄송합니다. 다시는 이런 일 없도록 하겠습니다"라고 답했다. 하지만 그 역시 우울증 초기 증상이 있어 상담이나 정신과 치료가 필요한 상태였다.

A 씨와 C 사원 둘 다 피로가 누적되어 자기통찰력이 현저히 떨어진 상태라고 볼 수 있다. 정신과를 찾는 사람 중 대부분이 자신의 증상을 실제보다 훨씬 가볍게 여긴다. 진료를 보다 보면 중증 환자도 아무렇지 않은 표정으로 "괜찮습니다, 입원할 정도는 아니에요. 약은 처방해주지 않으셔도 됩니다"라고 말한다.

자기통찰력이 낮은 사람은 이처럼 무리하고 있다는 사실 자체를 깨닫지 못한다. 꽤 심각한 상태에 다다를 때까지 방치하다가 정신질환으로 번지는 경우도 많다. 점점 자기 객관화와 컨디션 조절이 안 되는 악순환에 빠지는 것이다.

한 연구에서 실제 수면 시간과 잠을 잤다고 느끼는 감각의 상관관계를 조사했는데, 잠이 부족한 사람일수록 충분히 잤다고 생각하는 경향이 있었다. 즉, '수면 시간이 부족하면 자기통찰력이 떨어진다'는 뜻이다. 이는 피곤한지 아닌지조차 제대로 파악하지 못하는 상태에 가깝다.

컨디션이 좋고 건강한 사람은 자신의 상태를 어느 정도 올바르게 판단할 수 있다. 반면 잠과 휴식이 부족해 피로가 쌓이면 자기통찰력은 빠르게 무너진다. 뇌가 얼마나 지쳤는지 깨닫지 못한다. 회사에서 많은 일에 혹사당해 건강을 해치고 우울증에 걸려도 그저 일이 바빠서 힘든 것으로 인식하고 일에 더 몰두한다. 대단히 위험한 행동이다. 우울증이 심해질수록 일상이 무너져 회복하기까지 오래 걸리기 때문이다.

앞서 언급했던 A 씨와 C 사원은 괜찮지 않은 상태임에도 스스로 괜찮다고 했다. 고통스럽고 힘든 경험을 받아들이지 못해 부정하는 방어 기제를 심리학 용어로 '부인否認'이라고 한다. 정확한 사실을 지적했을 때 자신도 모르게 거부하는 심리 작용으로, 지쳐 있지만 그 사실을 인정하거나 타인에게 알리고 싶지 않다는 생각에 문제의 심각성을 부정하는 것이다. 병원에서 암을 선고받은 환자가 현실을 받아들이지 못하고 다른 병원을 전전하는 것도 모두 부인이라는 심리 반응이 행동으로 튀어나온 것이다.

만약 C 사원이 자기 상태를 올바르게 돌아보고, 컨디션 조절과 충분한 휴식을 취하는 습관을 가졌다면 어땠을까? B 과장에게 "죄송합니다. 요즘 야근이 잦아 잠을 제대로 못 잤습니다. 아침에 일정표를 확인했어야 했는데 깜빡했네요. 앞으로는 이런 일이 없도록 하겠습니다"라고 답했을 것이다. 적절

　　　　　　　　　　　집중의 뇌과학

히 휴식을 취한 뒤에는 다시 뛰어난 집중력을 발휘할 수 있었을 것이 분명하다.

괜찮다고 말하는 사람일수록 괜찮지 않을 확률이 높다. 자신이 피곤한 상태임을 인정하는 사람이야말로 건강한 사람이다. 자기통찰력이 높으면 자신의 상태를 객관적으로 파악해 피로 누적, 수면 부족, 집중력 저하, 실수 증가와 같은 증상을 스스로 알아차리고 빠르게 대처할 수 있다. 업무상 사고를 줄이기 위해서뿐만 아니라 개인적인 삶과 워라밸을 잘 챙기기 위해서라도 평소 자기통찰력을 키워야 한다.

2
자기통찰력을 길러주는
쉽고 간단한 기록 습관

일기를 쓰면 마음이 보인다

자기통찰력을 키우기 위해 구체적으로 무엇을 할 수 있을까? 단순히 머릿속으로 고민하는 것만으로는 부족하다. 내가 추천하는 방법은 바로 '매일 일기 쓰기'다. 두말할 필요 없이 가장 확실한 방법이다.

물론 바쁜 일상 속에서 매일 일기를 쓰는 것은 부담스럽게 느껴질 수 있다. 특히 직장인처럼 퇴근 후 녹초가 되어 잠들기 바쁜 이들에게는 더욱 그렇다. 그런 사람들을 위해 부담

　　　　　　　　　　　　　　　집중의 뇌과학

없이 실천할 수 있는 3분 기록법을 소개한다. 누구나 쉽게 따라 할 수 있는 방법이니 꼭 시도해보길 바란다.

우선 책상 앞에 앉아 일기장을 펴고 하루 동안 있었던 일들을 두루 떠올린다. 충분히 생각한 뒤에 그중 가장 힘들었던 일과 가장 즐거웠던 일을 각각 세 가지씩 골라 일기장에 쓰면 된다. '힘들었던 일'에는 괴로웠던 일을 비롯해 안타까웠던 사건, 불쾌했던 경험 등 부정적인 감정이 들었던 일을, '즐거웠던 일'에는 행복했던 순간, 재미있었던 에피소드 등 긍정적인 감정을 느꼈던 일을 쓰면 된다. 잠시 작성하면 그걸로 끝이다. 아래 예시를 보자.

[힘들었던 일]

① 출근길 지하철이 평소보다 붐볐다.

② 보고서에 틀린 내용이 많아 팀장님께 꾸중을 들었다.

③ 오후 내내 일에 집중하지 못했다.

[즐거웠던 일]

① 오늘 처음 가본 식당이 맛집이었다.

② 신규 거래처와의 계약이 성사되었다.

③ 퇴근 후 본 드라마가 생각보다 재미있다.

힘들었던 일을 먼저 적고 즐거웠던 일은 나중에 적어야 한다. 그래야 밝고 행복한 기분으로 하루를 마무리할 수 있다.

항목 하나당 한 줄 정도로 간략하게 기록하면 된다. 힘들었던 일과 즐거웠던 일을 각각 세 가지씩 쓰면 여섯 줄이 나온다. 분량과 길이를 늘리기보다 꾸준히 쓰는 습관을 만드는 것이 중요하다. 일기를 통해 오늘 하루를 돌아보며 어떤 일들이 있었는지 떠올리면 나 자신을 마주하며 성찰하게 된다. 몸과 정신 상태를 돌아보며 좋았는지 나빴는지, 어떻게 변화했는지 되짚어보는 과정이기도 하다.

당신이 지쳐 있다면 처음에는 힘들었던 일만 떠오르고 즐거웠던 일은 좀처럼 떠오르지 않을 것이다. 괜찮다. 아주 사소한 일이라도 상관없으니 즐거웠던 일을 기록해보자. '잠을 푹 자고 아침에 상쾌하게 일어났다' 정도의 작은 일도 좋다. 힘들었던 일은 세 가지를 채우지 않아도 되고, 없으면 '없음'이라고 적어도 된다. 다만 즐거웠던 일은 많을수록 좋으니 다섯 개든 열 개든 생각나는 대로 최대한 적어보자. 매일 반복하면 관성이 생겨 술술 쓸 수 있게 된다. 개당 한 줄이라는 기준에 얽매일 필요는 없으니 원하는 만큼 상세히 적어도 된다.

마음이 지쳤을 때 나 자신을 마주하며 생각과 감정을 가만히 들여다보면 하고 싶은 말, 풀어놓고 싶은 응어리가 끊임없이 떠오른다. 우울증 환자에게 저녁에 3분간 일기를 써보라고 하면 대부분 한 줄도 쓰지 못한다. 뭐라도 썼다는 사람의 이야기를 들어보면 일기장이 힘들고 지치는 일로 가득해서 다시 펼치고 싶지도 않다며 괴로워한다. 그러나 한 달 이상 계속하면 점차 긍정적인 내용이 늘어난다. 신기하게도 처음에는 한 줄도 못 쓰던 환자들이 3~6개월 뒤에는 좋았던 일로만 한 페이지를 채우기도 한다. 이쯤 되면 정신적으로 밑바닥까지 추락했던 사람도 서서히 호전된다. 일기를 쓰며 내 상태를 객관적으로 보는 힘, 자기통찰력이 생기기 때문이다.

시간이 한참 지난 뒤에 일기를 꺼내 읽으면 당시에 어떤 상태였는지 확연히 보인다. 일기는 단순히 하루 동안 있었던 일만 기록한 것이 아니라 생각과 감정, 막연하게 느꼈던 감각을 글로 표현해 가시화한 것이다. 꾸준히 쓰면 누구나 자신에게 일어나는 변화를 깨달을 수 있다. 처음에는 조금 귀찮겠지만 매일 3분만 투자하면 자기통찰력이 눈에 띄게 높아진다. 동시에 생각의 흐름도 긍정적으로 변한다. 기록하기 위해 인생의 이런저런 즐거움을 찾다 보면 어느새 적극적으로 행동하게 된다. 일기장을 통해 시작된 작은 변화가 곧 눈덩이처럼 불어나 당신의 삶에 큰 변화를 가져올 것이다.

SNS는 인생의 낭비가 아니다

저녁에 3분간 일기를 쓰는 것조차 부담스러운 이들을 위해 좀 더 쉬운 기록법을 소개하고자 한다. 엑스x(트위터)나 인스타그램 등 SNS를 활용하는 것이다. 책상 앞에 앉아 일기장을 펴기도 힘들다면, 퇴근길 지하철이나 버스에서 또는 집에 돌아와 샤워를 마치고 침대에 누워서 스마트폰을 켜 SNS를 열고 오늘 있었던 일을 기록해보자.

일기와 마찬가지로 SNS에도 무리해서 기록을 남길 필요는 없다. 처음에는 200자 정도의 단문이면 충분하다. 익숙해지면 점차 글이 길어지고, 기록하는 재미도 느끼게 될 것이다. SNS에 글을 올리면 친구나 지인 혹은 팔로워들이 좋아요를 누르거나 댓글을 달아준다. 이 소소한 상호작용은 기록을 지속하게 하는 동기를 부여하고, 동시에 심리적인 안정감을 준다. 누군가와 반복적으로 소통하는 감각이 힘이 되어준다.

단, SNS에 글을 쓸 때는 즐거운 일 중심으로 써야 한다. 타인에 대한 험담이나 뒷담화는 금지다. 일기장과 마찬가지로 부정적인 감정을 글로 풀어내면 후련하게 쏟아내기보다 오히려 그 감정으로부터 안 좋은 심리적 영향을 받는 경우도 있어서 그렇다. 정 스트레스가 쌓여 마구 욕을 하고 싶다면 비공

개 노트에 써서 잘 보관하자.

생각하고 느낀 것을 언어로 표현하는 행위는 무엇이든 자기통찰력 향상에 도움을 준다. 일기가 아니어도 상관없다. 나는 책을 읽거나 영화를 본 뒤 주로 엑스에 감상평을 올린다. 떠올랐던 생각, 느꼈던 감정을 글로 쓰는 과정에서 저절로 내면을 들여다보며 곰곰이 생각하게 된다. 나에 대한 기록뿐만 아니라 여러 작품에 대한 감상평을 쓰는 것도 분명 훌륭한 자기통찰 훈련이 될 수 있다.

3
나를 돌아볼 여유는
철저한 준비에서 나온다

종이 체크리스트를 작성하라

나는 6년째 피트니스 센터에서 혈류 제한 운동(가압加壓 트레이닝)을 하고 있다. 팔다리에 운동용 밴드를 감아 근육을 압박한 상태로 하는 근력 운동으로, 부상 위험은 줄이면서 저중량으로 고강도 효과를 볼 수 있어 바쁜 현대인에게 적합한 운동법이다.

운동을 시작한 초기에는 준비물을 자주 깜빡했다. 운동복과 운동화는 물론 운동용 밴드, 운동용 양말, 갈아입을 속옷,

수건, 샤워 용품, 물병, 영양제 등 챙길 것이 너무 많았기 때문이다. 트레이너와의 예약 시간에 맞추려 서두르다 보면 늘 무언가를 빼먹었다. 그래서 평소 활용하던 투두리스트에서 착안해 '운동 준비물 체크리스트'를 만들어 벽에 붙였다.

[운동 준비물 체크리스트]

☐ 운동복(상의, 하의)

☐ 운동화

☐ 운동용 밴드

☐ 운동용 양말

☐ 속옷

☐ 수건

☐ 샤워 용품(샴푸, 비누, 칫솔, 치약)

☐ 물병

☐ 영양제

이렇게 목록을 만들고 출발 전에 순서대로 확인하니 더 이상 준비물을 빠뜨리는 일이 없어졌다. 인간의 뇌는 세 가지까지는 쉽게 기억하지만 다섯 가지 이상이 되면 헷갈리기 시작한다. 작업 기억 용량이 평균적으로 세 개 정도이기 때문이다.

그래서 준비물이 다섯 종류를 넘어가면 기억력을 믿지 말고 반드시 종이에 체크리스트를 작성해야 한다. 문 앞이나 벽에 붙여두면 완벽히 준비할 수 있다.

업무에도 체크리스트를 활용할 수 있다. 나는 매달 여러 차례 강연을 진행하는데 대부분 초빙받아 열리는 행사가 아니라 내 연구소에서 주관하는 행사이기에 강연에 필요한 크고 작은 물건을 직접 챙겨야 한다. 단순히 마이크와 발표 자료만 있으면 될 것 같지만, 생각보다 준비물이 많고 복잡하다. 필기구를 비롯해 참가자 명단과 강연 시작 전에 돌릴 설문지, 연구소 홍보자료, 명함, 멀티탭, 레이저 포인터 등 열댓 가지 준비물을 챙기다 보면 깜빡 잊고 못 챙기는 게 꼭 있다. 그래서 나는 '외부 강연 준비물 체크리스트'를 만들었다. 강연회 당일 집에서 출발하기 전에 반드시 인쇄한 목록을 들고 볼펜으로 하나하나 표시하며 모두 잘 챙겼는지 확인한다. 이후로 더 이상 준비물을 깜빡하는 일이 없다.

체크리스트는 모든 업무에 적용 가능하다. 당신이 회사에서 매달 작성하는 보고서에 항상 똑같은 항목을 빼먹는다면, 해당 항목을 따로 빼서 '보고서 체크리스트'를 만들면 간단히 해결된다. 보고서를 제출하기 전에 빼먹은 내용은 없는지 체크리스트와 대조하며 최종 검토하고 제출하면 실수를 원천

집중의 뇌과학

차단할 수 있다. 기억에 의존하거나 나중에 확인하겠다고 생각하면 결국 중요한 부분을 놓치기 마련이다.

자아통찰력을 유지하려면 우선 자신감이라는 기반이 다져져야 한다. 나 자신을 믿어야 무슨 일이든 해낼 수 있다. 주어진 일을 확실히 하기 위해 체크리스트를 만들어 활용하길 권한다. 분명 효과가 있을 것이다.

불안에는 대책이 특효약

이 책을 펼친 독자는 대부분 집중력이 부족한 것이 고민일 테고, 아직 저지르지도 않은 실수까지 미리 걱정하고 있을 듯하다. 불안한 마음을 해소하고자 이 책을 펼친 사람도 많으리라고 생각한다.

뇌과학적 관점에서 불안은 변연계의 핵심부이자 감정의 중추인 편도체가 자극을 받을 때 촉발되는 감정이다. 편도체가 만성적으로 자극되면 뇌가 불안과 긴장 상태를 유지하다가 심리적 탈진을 겪고 결국 주의력과 집중력을 잃는다. 즉 불안과 걱정은 그 자체로 집중력을 저해하고 실수를 유발하는 주된 원인이다. 나는 불안감을 호소하는 사람과 상담을 할 때마다 '실수하면 어쩌지?'라고 걱정하기보다 '실수하면 이렇게 하자'라는 대책을 마련하라고 조언한다.

걱정은 끝이 없어 꼬리를 물고 이어지지만, 대책을 세우면 멈춘다. 예를 들어 당신이 내일 회사 중역들 앞에서 지난 분기 성과 발표를 해야 한다고 하자. 며칠간 야근까지 하며 준비했지만 막상 발표를 하다가 머릿속이 백지가 되어 말문이 막힐까 봐 걱정이 든다. 이런 상황에도 구체적인 대책을 세우면 불안을 잠재울 수 있다.

· 전체 슬라이드를 미리 출력한다.
· 말문이 막힐 때는 다음 슬라이드를 보며 심호흡한다.
· 짤막한 에피소드를 준비해 분위기를 푼다.
· 연단 위에 놓인 물을 마시며 시간을 번다.

위와 같이 문제가 생겼을 때 어떻게 할지 속으로 되뇌면 불안감은 자연스럽게 사라진다. 준비한 대로 하면 문제없다고 다독이자. 대책을 세우면 막연하던 불안감이 어떤 상황도 헤쳐나갈 수 있다는 자신감으로 바뀐다.

돌다리도 두드려 보고 건너라고 했다. 무엇이든 준비하면 걱정할 필요가 없다는 뜻이다. 대책을 세움으로써 이미 돌다리를 두드렸으니 걸음을 내딛기만 하면 된다. 대책이 실수에 대비한 보험이자 실수를 막는 부적이 되어 당신을 지켜줄 것이다.

실수를 예방하는 가장 좋은 방법, 부주의 줄이기

경제학에는 하인리히 법칙Heinrich's law이라는 유명한 개념이 있다. 1920년대 미국의 한 보험사에서 관리감독자로 일하던 허버트 하인리히Herbert W. Heinrich는 7만 5,000여 건의 산업 재해를 분석해 '1:29:300'이라는 통계적 규칙이 있음을 발견했

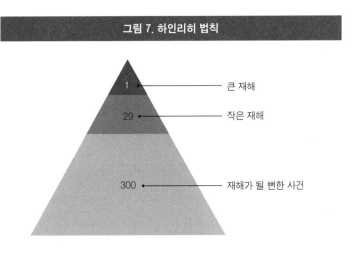

그림 7. 하인리히 법칙

다. 이는 하나의 큰 재해가 발생하기 전에 29건의 작은 재해가 발생하고, 그보다 앞서 300건의 '아차' 사고가 발생한다는 이론이다. 문제의 조짐을 발견하면 즉시 대처해야 하며, 그렇지 않으면 큰 사고로 이어질 수 있다는 경고이기도 하다.

하인리히 법칙은 당신이 직장에서 저지르는 실수에도 그대로 적용된다. 300번의 부주의가 모여 모여 29번의 작은 실수로 이어지고, 29번의 작은 실수가 모여 하나의 큰 사고로 이어진다. 따라서 큰 사고를 막으려면 작은 실수를, 작은 실수를 막으려면 부주의한 순간을 줄여야 한다.

대학 졸업 후 병원에서 근무할 때 나는 의료 사고 대책위원회에 속했다. 의료 사고를 분석하고 재발을 방지하는 조직이었는데, 한 달에 수십 건, 연간 수백 건의 '아차' 사례가 보고되었다. 흥미로운 점은 마치 정해진 패턴처럼 비슷한 실수가 반복된다는 것이었다. 위원회는 이러한 패턴을 파악하고 분류해 대책을 마련하거나 진료 방식을 개선했고, 덕분에 심각한 의료 사고를 미연에 방지한 적도 있었다.

대부분의 사람들은 큰일이 날 뻔했다고 가슴을 쓸어내리고도 돌아서면 금세 잊는다. 하지만 자칫 실수로 이어질 뻔한 일이 발생하면 반드시 기록으로 남겨야 한다. 상황을 파악하고 대책을 마련할수록 큰 사고도 막을 수 있다. 그러기 위해서는 작고 사소한 사건이 발생했을 때 경시하지 말고 즉시 원인을 분석하는 것이 중요하다.

오늘부터 업무에서 실수를 저질렀다면 그 사례를 차근차근 모으자. 큰 손해나 피해가 생기지 않았다고 다행스러운 해프닝으로 넘겨서는 안 된다. 작은 실수가 모이면 큰 사고로 이어지기 마련이니 방심하지 말고 늘 대비하라. 어떤 실수를 자주 저지르는지 아는 것도 자기통찰력을 키우는 방법 중 하나다. 게다가 처음부터 부주의를 막으면 실수로 번질 일도 없다. 철저히 준비하는 사람은 어떤 어려움도 능히 헤쳐 나갈 수 있다.

4
걱정에서 벗어나
더 나은 내가 되는 루틴

잡념을 없애주는 습관과 행동, 루틴

걱정은 집중을 방해하는 대표적인 잡념 중 하나다. 한번 딴 생각이 들면 꼬리에 꼬리를 물고 이어져 지금 하는 일에 몰입하지 못하게 된다. 앞에서 설명한 것처럼 체크리스트를 만들고 대책을 미리 세워 사소한 부주의를 막으면 실수를 예방할 수 있다. 그래도 온갖 잡념이 떠올라 걱정과 불안을 떨칠 수 없는 사람들을 위해 이번에는 '잡념을 없애는 방법'을 소개하겠다. 이를 위해서는 루틴, 즉 규칙적인 습관을 만들어야

집중의 뇌과학

한다.

루틴이란 '틀에 박힌 일'이나 '무엇을 실행하기 위해 정해진 순서대로 반복하는 일'을 뜻한다. 요즘 자기계발 분야나 스포츠계에서 자주 사용되는 단어로 일상 속에 특정 습관을 만들고 유지한다는 개념이다. 루틴을 만들고 지속적으로 반복하면 의식과 무의식 모두에 영향을 미친다. 좋은 루틴을 유지하면 성장과 발전이라는 탁월한 결과로 이어지기도 한다.

국가대표 선수들은 결정적인 순간에 완벽한 플레이를 선보인다. 그들이 압박감 속에서도 집중력을 발휘하는 비결 중 하나는 바로 루틴이다. 정해진 행동을 반복함으로써 심리적 안정을 얻고 최상의 기량을 발휘하는 것이다.

2015 잉글랜드 럭비 월드컵에 일본 대표팀 풀백으로 출전한 고로마루 아유무五郎丸步 선수는 페널티킥 전에 반복적으로 무릎을 살짝 구부리고 두 손을 합장하듯 모아 검지를 맞대는 자세를 취했다. 이는 경기력과 직접적인 연관은 없어 보이지만 심기일전해 집중력을 발휘하기 위한 일종의 루틴이라고 할 수 있다. 그의 '고로마루 포즈'는 일본에서 큰 화제가 되어 많은 어린 팬들이 따라 하기도 했다.

미국 메이저리그에 진출해 크게 활약한 스즈키 이치로鈴木一朗 선수도 타석에서 독특한 루틴을 보였다. 배트를 든 오른

손을 뻗고, 왼손으로 어깨를 두드리며 유니폼을 정리하는 동작이었다. 같은 동작을 반복하며 압박감을 다스리고 최상의 상태를 그려보는 것이다. 이치로는 심지어 수면과 식사 시간까지 경기에 맞춰 조절했고, 배트 관리 방식까지 루틴으로 만들었다. 루틴이 단순한 습관을 넘어 철저한 자기관리로 이어졌음을 알 수 있다.

고로마루와 이치로 같은 최고의 선수들이 지키는 습관적인 행동, 루틴은 뇌과학적 관점에서 봐도 잡념을 몰아내고 집중력을 높이는 효과적인 방법이다. 수없이 반복했던 그 행동을 할 때 뇌가 안정감을 느끼고 훈련했던 기억을 상기하며 잠재력을 십분 발휘한다. 시험 삼아 고로마루 선수의 루틴을 그대로 따라 해보자. 두 손을 모으고 검지를 맞댄 뒤 발로 공을 힘껏 차는 것이다. 이 동작을 하면서 '실수하면 어쩌지?'라고 생각해보자. 자연스럽게 생각이 드는가? 그렇지 않을 것이다. 몸을 움직이는 순간 뇌가 '행동'에 초점을 맞추기 때문이다. 정해진 동작을 취할 때 뇌의 작업 기억은 신체에 집중하기에 실수에 대한 불안감과 걱정이 들어설 자리가 사라진다. 잡념이 끼어들 공간을 내주지 않는 것이다.

우리의 뇌는 멀티태스킹을 하지 못한다. '습관적인 행동'을 하기 시작하면 '걱정'이 자리할 공간이 줄어든다. 루틴은 이런

집중의 뇌과학

뇌의 특성을 역으로 이용해 잡념과 걱정이 파고들 틈을 없앤다. 긴장되는 상황에 습관처럼 반복하는 루틴을 만들면 뇌가 불안해질 틈이 없다. 단, 루틴은 세 가지 이상의 동작으로 구성해야 한다. 너무 단순하면 뇌의 작업 기억에 여유가 생겨 잡념이 파고들기 때문이다. 이치로의 타격 준비 루틴이 좋은 예시다.

① 배트를 가볍게 세 번 휘두른다.
② 배트를 크게 두 번 돌린다.
③ 무릎을 두 번 벌렸다가 굽힌다.
④ 무릎을 모았다가 굽힌다.
⑤ 허벅지를 벌리고 어깨를 두 번 풀어준다.
⑥ 가볍게 배트를 휘두른다.

여섯 동작을 반복하는 적당히 복잡한 루틴이다. 루틴을 실행하는 데에 뇌의 작업 기억을 모두 활용하므로 잡념을 효과적으로 몰아낼 수 있다. 매우 복잡한 루틴을 만들라는 뜻이 아니다. 너무 쉬워 아무런 생각 없이 수행할 수 있는 행위는 루틴이 되기 어렵다는 말이다. 루틴을 적극적으로 활용하면 집중력을 발휘해 최고의 기량을 펼칠 수 있다.

점수를 매기며 나의 변화 관찰하기

영화 《스타워즈》 시리즈에는 C-3PO라는 이름의 휴머노이드 로봇이 나온다. 주인공인 루크 스카이워커와 레아, 한 솔로를 따라다니는 감초 같은 캐릭터다. C-3PO는 로봇답게 위기 상황에서 복잡한 확률을 빠르게 계산해낸다. 예를 들어 한 솔로가 소행성과 충돌하지 않기 위해 필사적으로 우주선을 조종하는 상황에서 "우리 함선이 소행성대를 무사히 빠져나갈 확률은 대략 3,720분의 1입니다"라고 하거나, 얼음으로 뒤덮인 설원을 정찰하러 가서 밤늦게까지 돌아오지 않는 루크를 걱정하는 레아에게 "루크 님의 생존 확률은 725분의 1입니다"라고 답하는 식이다. 이처럼 현상을 수치로 표현하면 객관적인 판단이 가능해진다. 우리에게 C-3PO처럼 상황을 정확한 확률로 분석할 능력이 있다면 자기통찰력도 단숨에 끌어올릴 수 있을 것이다.

수치화를 통해 자기의 상태를 객관적으로 판단한 사례를 살펴보자. 우울증으로 통원 치료를 받던 40대 여성 D 씨의 이야기다. 그녀는 병원에 올 때마다 "선생님, 오늘은 컨디션이 최악이에요. 여기까지 오기도 힘들었어요"라고 했다. 늘 지쳐 보여 나도 가능한 한 빠르게 진료를 보려고 노력했다.

어느 날, 그녀에게 이렇게 물었다. "오늘 컨디션은 100점 만점에 몇 점 정도 되나요?" 그러자 D 씨는 잠시 생각하더니 "35점 정도 되는 것 같아요"라고 말했다. 의외의 답변이었다. "그래요? 많이 힘들다고 하셨는데 0점은 아니네요?"라고 되묻자 "입원했을 때는 정말 안 좋았으니까요. 지금은 그때보다 나아요"라는 대답이 돌아왔다.

그날 이후 D 씨가 병원에 올 때마다 그날 상태는 100점 만점에 몇 점인지 물었다. 점수는 40점, 50점으로 조금씩 올랐고 그녀가 '최악'이라고 말하는 빈도는 점점 줄었다. 3개월쯤 후에는 "오늘 컨디션은 60점이에요. 그러고 보니 요즘은 몸 상태가 좀 나아졌어요"라고 했다. 점차 밝은 모습을 보이던 D 씨는 얼마 지나지 않아 우울증을 이겨냈다. 자신의 상태를 수치화하면서 점차 객관적으로 볼 수 있었고 호전되어 감을 깨달은 덕분이었다.

이후 나는 정신과 진료에서 지금 상태를 점수로 표현해달라는 질문을 자주 활용한다. 환자들은 이 질문을 들으며 자신의 상태를 돌아보게 되고, 과거와 현재를 비교하며 서서히 자기통찰에 이른다. 점수 매기기는 자기통찰력을 키우는 효과적인 방법이다.

나는 내 상태를 수치로 파악하기 위해 아침에 눈을 뜨는 순간 점수를 매기는 루틴을 만들었다. 이를 '기상 명상'이라고 부른다. '오늘은 알람이 울리기도 전에 상쾌하게 눈이 떠졌네, 100점!', '아침부터 의욕이 넘치는군, 95점!', '숙취 때문인가? 몸이 무겁네. 더 자고 싶지만 일어나야지. 오늘은 60점'처럼 머릿속으로 잠깐 생각하면 된다.

기상 명상을 하면 컨디션이 좋은 날 기분 좋게 하루를 시작할 수 있고 컨디션이 좋지 않은 날은 조심하게 된다. 또한 컨디션의 이유를 분석하며 일상을 건강하고 활기차게 보내는 루틴을 만들 수 있다. 과음 때문에 컨디션이 나쁘다면 평일 술자리를 줄이고, 운동과 반신욕으로 컨디션이 좋다면 그런 습관을 정례화하는 식이다.

오늘부터 아침에 눈뜨는 순간 기분을 비롯해 몸과 마음의 상태에 점수를 매기고 그 이유를 생각해보자. 기상 명상에 익숙해지면 일기장에 짧게 기록으로 남기는 것을 추천한다. 점수와 이유를 기록해두면 나중에 그 기록을 훑어보며 '나는 가을에서 겨울로 넘어가는 환절기에 컨디션이 안 좋구나', '나는 여름에 무더위가 계속되면 몸살에 걸리는구나'와 같이 계절별 패턴까지 파악할 수 있다.

기상 명상은 자기통찰력을 키우는 효과적인 루틴이다. 자기통찰력이 높아지면 몸과 마음의 변화를 빠르게 감지하고

집중의 뇌과학

뇌 피로를 예방할 수 있다. 몸과 마음의 건강을 챙기면 최고조를 지나 몰입 상태에 쉽게 도달하고, 오랜 시간 고도의 집중력을 발휘해 생산성 있게 일할 수 있다.

집중력을 발휘하려면 업무 환경을 조성하고 할 일과 시간을 파악하는 것도 중요하지만, 그보다 먼저 나 자신을 이해해야 한다. 당신이 진정한 몰입의 즐거움을 느끼고 싶다면 무엇보다 두뇌와 신체의 상태를 충분히 파악하는 과정이 선행되어야 한다. 오늘부터 자기통찰력을 기르는 루틴을 만들어보자.

핵심 정리

---

① 자신의 상태를 잘 아는 사람은 적절한 휴식을 취해 뇌 피로를 낮추고 집중력을 발휘할 수 있다. 이렇게 나를 돌아보는 힘을 '자기통찰력'이라고 한다.

② 기록하는 습관이 자기통찰력을 길러준다. 하루를 돌아보며 3분간 일기를 쓰면 내 상태를 파악하는 것은 물론이고 변화도 보인다. SNS에 짤막한 글을 올리는 것도 효과가 있다.

③ 자기통찰력이 높은 사람은 어떠한 상황에도 준비되어 있다. 중요한 일은 체크리스트를 써서 진행하고, 걱정하는 대신 대책을 세우고, 작은 부주의를 저질렀을 때는 주의 깊게 살펴보고 고쳐라.

④ 자기통찰력이 높다는 것은 나를 믿고 이해한다는 것이다. 잡념과 불안감을 없애기 위해 언제든 활용할 수 있는 루틴이 있으면 좋다. 더불어 내 상태를 수치화하면 컨디션 변화를 파악하고 적절히 조절할 수 있다.

PART 5

필요한 것만 남기고
모두 비우는 뇌 맞춤 정리법

집중력을 개선하려면 책상 위보다
머릿속을 정리하는 것이 우선이다.
생각을 정리하고 감정을 관리하면
심리적 불안 요인을 제거해 뇌를 최적화할 수 있다.
뇌 정리를 위한 구체적인 실천법을 알아보자.

1
머릿속을 정리해야
뇌를 최적화할 수 있다

'집중력을 높여주는 정리법'이라 하면 대부분 책상과 주변 환경을 정돈하는 일을 먼저 떠올린다. 물론 책상이 어수선하면 집중력이 분산되므로 물리적인 정리 정돈도 중요하다. 다만 이번 장에서는 머릿속을 정리하는 방법을 중점적으로 살펴보고자 한다. 아무리 책상이 깔끔하게 정돈되어 있어도 머리가 복잡하면 일에 집중하기 어렵기 때문이다. 먼저 머릿속을 정리하고 뇌를 맑은 상태로 만들어야 온전히 집중력을 발휘할 수 있다. 마치 컴퓨터에서 임시 파일을 정리하고 메모리를 확보하는 것과 같다.

끝낸 일은 빨리 잊고 머리를 비우자

나는 원고를 집필할 때 참고하기 위해 주제와 같은 분야의 책은 물론이고 다른 분야도 가리지 않고 읽는다. 『신의 시간술』의 참고 문헌에는 24권의 책이 실려 있고, 싣지 않은 책도 20~30권 정도 되니 도합 50여 권을 참고한 셈이다. 논문도 많이 찾아 읽는다. 탈고를 끝낸 뒤 내 서재를 보면 한쪽 구석에 책과 종이 뭉치가 잔뜩 쌓여 있다. 그래서 나는 원고 집필을 마친 뒤 매번 의식처럼 참고 도서와 논문을 상자에 정리해 창고로 옮긴다. 이렇게 정리하면 물리적 공간은 물론 뇌 속 공간도 정리할 수 있다.

서재를 정리하면서 원고 관련 정보는 전부 뇌리에서 지우려 한다. 그렇지 않으면 뇌 속 기억 공간을 확보할 수 없기 때문이다. '지운다'라고 표현했지만 기억을 선별해 지울 수는 없다. 이는 뇌를 비우고 정리하자는 마음가짐을 갖는다는 의미다. 자료를 정리하며 '이제 다 끝났으니 잊자'라고 생각하고, 필요할 때는 출간된 책을 읽으면 된다고 자신을 설득한다. 이렇게 마음가짐을 바꾸면 신기하게도 완성한 원고에 대한 기억이 사라진다. 나는 이를 '역 자이가르닉 효과'라고 부른다.

자이가르닉 효과Zeigarnik effect란 1920년대에 독일과 러시아

(당시 소련)에서 활동했던 리투아니아 출신 임상심리학자 블루마 자이가르닉Bluma Zeigarnik이 만들어낸 개념으로, 완료된 작업보다 미완성 작업이 더 오래 기억에 남는다는 심리학적 현상을 가리킨다.

어느 날 단골 레스토랑에서 식사를 하던 자이가르닉은 웨이터가 어떻게 손님들의 메뉴를 헷갈리지 않고 정확히 서빙하는지 궁금해졌다. 그녀는 계산을 마치고 나오며 웨이터에게 자신이 무엇을 주문했는지 기억하느냐고 물었고, 웨이터는 서빙도 계산도 끝난 마당에 어떻게 기억하겠느냐고 반문했다. 자이가르닉은 여기에서 아이디어를 얻어 미완성 과제가 기억에 더 오래, 깊이 남는다는 가설을 세웠고 간단한 실험을 통해 증명했다.

자이가르닉 효과는 오늘날 각종 매체에서 쉽게 경험할 수 있다. 예능 프로그램에서 한창 재미있는 순간에 '60초 후에 계속됩니다'라는 자막과 함께 광고가 나오거나 OTT 드라마에서 갈등이 고조되는 순간 회차를 끊어 다음 내용이 궁금해져 연달아 시청하게 만드는 것이 대표적이다.

사람은 어떤 일에 집중할 때는 긴장 상태를 유지하지만 그 일을 완수하면 긴장이 풀리고 일도 잊게 된다. 반대로 미완성 과제는 긴장감을 지속시켜 머리속에 오래 남으며, 이를 기억하느라 뇌 자원을 계속 소모한다. 레스토랑 웨이터의 경우 다섯 테이블의 주문 메뉴까지는 잘 기억하지만 그 이상 늘면 버거워지기에 서빙을 마치는 즉시 잊고 뇌 자원을 절약한다. 주어진 일을 완료하는 순간 뇌가 긴장을 풀고 단기 기억을 지워 자원 소모를 막는 것이다.

자이가르닉 효과를 뒤집으면 '이미 완료한 일은 쉽게 잊을 수 있다'고 재해석할 수 있다. 이것이 바로 '역 자이가르닉 효과'다. 나는 자이가르닉 효과를 역으로 응용해 종료된 업무는 물리적으로 정리하고 동시에 머릿속에서도 깔끔하게 지운다. 이 과정을 '뇌 속 짐 정리'라고 부른다. 뇌의 부담을 덜고 다음에 들어올 정보를 위해 공간을 확보하는 과정이다.

길거리의 옷가게를 보면 계절별로 정기 세일을 한다. 신제품을 진열할 공간을 확보하고자 정기적으로 재고 상품을 정리하기 위해서다. 철 지난 상품을 팔고 새 시즌에 맞는 신상을 선보이는 것이 매출에 도움이 되기 때문이다. 우리의 뇌도 옷가게와 마찬가지로 반복적이고 규칙적인 정리가 필요하다. 하던 일이 일단락되면 관련 자료를 모두 잊고 생각을 비우자. 새로운 정보를 입력할 공간을 확보하기 위해 머릿속을 정리해 빈자리를 만들어야 한다.

이동 시간을 뇌 정리 시간으로

당신은 지하철을 타고 이동하며 주로 무엇을 하는가? 지하철을 타면 평균적으로 80퍼센트, 때로는 모든 승객이 스마트폰을 보고 있다. 나는 책을 읽는 편이지만 멍하니 있을 때가 더 많다. 그렇다고 아무것도 하지 않는 것은 아니다. 실제로는 머릿속을 정리하는 중이다.

지하철은 뇌를 정리하기 좋은 장소다. 서 있는 것 말고는 할 수 있는 일도 없어서 방해 요소가 끼어들 틈이 없다. 갑자기 말을 걸 사람도 없고, 급한 일이 생기는 경우도 드물다. 이동 시간은 잡념을 차단하고 온전히 일에 집중할 수 있는 이상적인 고립의 조건에 부합한다.

나는 강연회에서 비슷한 내용을 반복하기 싫어서 항상 새로운 이야기를 준비한다. 한번은 내 강연을 자주 들으러 오는 지인이 매번 강연을 준비하는 데 시간이 얼마나 걸리는지를 물었다. 90분짜리 강연은 하루 만에 준비할 수 있고 3시간짜리 강연이라면 이틀 정도 걸린다고 알려주었다. 그러자 그는 내가 짧은 시간 안에 완성도 높은 자료를 만들어낸다며 비결을 물으며 신기해했다.

여기에는 숨은 비밀이 있다. 바로 지하철에 서서 머릿속으로 내용을 정리하는 것이다. 나는 보통 강연이 열리기 2주일 전부터 아이디어를 구상하는데, 청중에게 어떤 이야기를 들려줄지 생각하기에는 지하철이 제격이다. 이동 중인 열차에서 좋은 생각이 많이 떠오른다. 구체적인 내용을 정하기보다 '이 내용이 좋을까? 저 방향이 더 낫지 않을까?'라는 식으로 자유롭게 브레인스토밍을 한다. 아무것도 하지 않고 가만히 있는 사람처럼 보이겠지만 실제로는 머릿속에서 다양한 아이디어가 유유히 떠다니는 중이다. 과거의 경험과 지식, 정보가 담긴 장기 기억을 구석구석 살피며 다음 강연회에서 활용할 내용을 찾아내는 식이다. 즉, 지하철에서 넋 놓고 있는 동안 새로운 아이디어를 떠올리기보다 뇌를 '정리'한다.

지하철로 이동할 때뿐만 아니라 걸으면서, 피트니스 센터에서 러닝머신을 타면서 머릿속을 정리하면 분명 좋은 아이디어가 나온다. 그렇게 아이디어가 모이면 집에 도착했을 때 모두 종이에 옮겨 적고 강연에서 이야기할 순서를 정한다. 이 방법으로 책상에 앉은 지 15~30분 만에 전체 흐름을 구성할 수 있고, 이후 파워포인트를 켜서 발표 자료를 만들면 끝이다. 발표 자료를 만들고 대본을 짜는 등 물리적으로 준비하는 시간은 하루지만, 실제로는 2주일 전부터 지하철을 타고 다니며 머릿속으로 생각을 정리하는 것이다.

이동 중 생각 정리를 효과적으로 하려면 이를 '과제'로 인식해야 한다. "다음 역에 도착할 때까지 강연 도입부를 구상하자!"처럼 구체적으로 다짐해야지, 막연히 생각이 떠오르길 기다리는 것으로는 부족하다. 과제를 처리한다는 마음가짐으로 임하면 블로그 글감, 회의 안건, 발표 내용 등 필요한 아이디어가 떠오를 것이다.

나는 전작 『당신의 뇌는 최적화를 원한다』에서 '창조성의 4B(바Bar, 욕실Bathroom, 버스Bus, 침대Bed)'를 소개했는데, 경험상 이 장소들에서 멍하게 있을 때 심리적으로 이완되어 새로운 아이디어가 잘 떠올랐다. 지하철뿐만 아니라 바에서 혼술을 할 때, 욕실에서 샤워할 때, 버스를 타고 이동할 때, 침대에서 휴식을 취할 때 머릿속을 정리해 보자.

멍 때리기는 뇌를 재정비하는 시간

엑스(트위터)를 보면 가끔 "오늘 하루는 아무것도 하지 않고 멍 때리면서 보내버렸어ㅜㅜ"라는 글이 올라온다. 시간을 낭비해서 후회한다는 뉘앙스로 읽힌다. 나라면 "오늘 하루는 아무것도 하지 않고 멍하니 지냈다. 참 알차고 호사스러운 하루

였다!"라고 썼을 것이다. 사람들은 아무것도 하지 않고 보낸 시간을 낭비했다고 여기지만 결코 그렇지 않다.

우리는 하루 종일 바삐 일하며 정보의 홍수에 휩쓸린다. 퇴근하는 지하철에서도, 집에 돌아와서도, 심지어 자기 전까지도 스마트폰을 스크롤하며 끊임없이 새로운 정보를 접한다. 주말에도 스마트폰과 컴퓨터를 끼고 산다. 늘 인터넷에 접속해 있는 사람들을 보면 인간이 얼마나 새로운 소식과 사건 사고에 민감한지 새삼 실감한다.

사람들이 스마트폰을 보는 이유는 즐거움 때문이다. 뇌는 자극을 받으면 재미를 느낀다. 하지만 업무나 공부로 지친 뇌에 새로운 정보를 계속 쑤셔 넣는 것은 즐거운 행위가 아니라 집중력을 저해하는 행위다. 퇴근 후 스마트폰으로 온갖 가십을 읽는 것이 휴식처럼 느껴지지만, 사실은 불필요한 정보를 입력해 뇌가 쉬지 못하게 하는 것이다. 현대인에게는 멍하니 있는 시간이 절대적으로 부족하다. 멍 때리며 쉬는 것은 낭비가 아닌 뇌에 꼭 필요한 소중한 시간이다.

최근 뇌과학 연구에서는 멍하게 보내는 시간의 중요성을 강조하고 있다. 특별히 하는 일 없이 가만히 있을 때 사람의 뇌는 '디폴트 모드(기본 모드)'에 들어간다. 뇌가 작동할 준비를 마친 상태다. 이때는 앞으로 일어날 일을 시뮬레이션하거나 지금 자신의 상황을 객관적으로 분석할 수 있다. 다양한 이미지와 경험을 떠올리며 다음에 무엇을 할지 준비하는 시간이기도 하다.

워싱턴대학교 의과대학의 마커스 라이클Marcus Raichle 교수는 뇌 분석을 통해 사람이 휴식을 취하며 별다른 인지 활동을 하지 않는 디폴트 모드 네트워크DMN, Default mode network에 들어갈 때 활성화되는 뇌 부위가 있다는 사실을 발견했다. 쉬는 동안에도 뇌가 몸 전체 산소 소비량의 20퍼센트를 차지하는 이유가 여기에 있었다.

독일 쾰른대학교의 신경과학자 카이 포겔라이Kai Vogeley는 디폴트 모드 네트워크에 있을 때 뇌가 사물의 연관 관계를 더 잘 파악하며, 나 자신을 객관적으로 볼 수 있다고 주장했다. 반면 넋 놓고 멍하니 보내는 시간이 부족해지면 전전두엽이 관장하는 고차원적 사고 능력은 떨어지고 주의력과 집중력이 동시에 감소하며 뇌의 노화까지 가속화된다.

멍 때리는 시간은 꼭 필요하다. 뇌에 쉼을 주자. 스마트폰을 들여다보며 끊임없이 새로운 정보에 노출되는 것은 뇌가 디폴트 모드에 돌입하지 못하게 해 결과적으로 집중력을 발휘하지 못하게 만든다.

2
실패 경험을 정리해야
나아갈 수 있다

실패에서 배우는 방법, 피드백

과거의 실패 경험을 잊지 못하고 곱씹으며 괴로워하는 사람이 있다. 시간이 지나도 그때 상황이 생생하게 떠올라 다시 실패할까 봐 두려워하고 불안해한다. 이 사람이 실패 경험에서 벗어나지 못하는 이유는 제대로 정리하지 못했기 때문이다. 생각을 비우고 뇌를 정리하는 것과 마찬가지로 실패도 정리해야 한다. 방법은 간단하다. 실패는 잊고 성공은 곱씹으면 된다. 이것이 실패 정리의 핵심이다.

집중의 뇌과학

단, 실패를 잊기 전에 반드시 원인을 분석하고 재발 방지책을 세워야 한다. 쉽게 말해 피드백을 하라는 것이다. 피드백을 하면 다음에 같은 상황에 놓여도 당황하지 않고 잘 대처할 수 있다. 대책을 세운 뒤에는 그 대책만 남기고 실패한 경험, 괴롭고 힘든 감정은 깨끗이 지우자. 좋지 못한 기억을 붙들고 있는 것은 아무런 도움이 되지 않는다.

연인과 헤어진 상황을 예로 들어보자. 친구에게 속내를 털어놓고 위로받아 기분이 나아졌다고 해서, 다음 날 다른 친구를 만나 또 이야기하고, 그다음 날 또 다른 친구와 같은 대화를 반복하는 것은 바람직하지 않다. 이런 방식으로는 아무리 위로를 받아도 전 연인을 잊기는커녕 더욱 괴로워질 가능성이 더 크다. 같은 이야기를 반복하고 있기 때문이다.

같은 말을 반복하면 기억에 선명히 새겨진다. 실패도 마찬가지다. 스트레스를 풀고 잊겠다며 사람들을 붙잡고 하소연할수록 점점 더 기억날 뿐이다. 속 시원히 털어놓는 것은 한 번으로 족하다. 실패를 반복해 이야기하며 곱씹는 것은 가장 어리석은 방법이다. 실패한 기억이 선명해질수록 다시 실패할 것이라는 두려움만 커진다.

반면 성공 경험은 여러 번 이야기할수록 좋다. 성공했던 기억이 뇌리에 깊이 새겨지면 자신감이 붙는다. 성취감과 만족

감도 커진다. 만일 당신에게 일기 쓰는 습관이 있다면 성공 경험을 자세히 기록하자. 나중에 다시 읽고 성취감을 느낄 수 있도록 최대한 생생히 남기는 것이다.

실패는 피드백을 뽑아낸 순간 머릿속에서 지워야 하고, 성공은 계속해서 곱씹어야 한다. 이 과정을 거듭하면 당신의 머릿속에 성공 경험이 채워진다. 동시에 점점 자신감이 붙고 불안한 마음이 사라진다.

무의식중에 떠오르는 생각이 당장의 행동을 좌우하고 앞날을 결정한다. 성공을 깊이 새길수록 성공 쪽으로 나아갈 수 있다. 현재에 집중하기 위해서라도 좋지 못했던 경험은 빠르게 정리하고 긍정적으로, 자신감 넘치게 행동하라.

술은 즐거운 일이 생겼을 때 마시자

하던 일이 어그러져 화가 나고 답답할 때 사람들은 스트레스를 풀고자 술을 마신다. 하지만 술은 스트레스 해소 수단이 될 수 없다. 나 역시 애주가이지만 스트레스를 풀기보다는 재미와 즐거움을 위해 마신다. 술은 어떻게 마시느냐에 따라 오히려 부정적인 감정을 키워 스트레스를 가중시킬 수 있다.

알코올이 뇌에 미치는 악영향은 많은 연구에서 밝혀졌다. 술은 이성적 사고력을 마비시켜 상황 판단을 어렵게 만든다. 기분이 좋지 않은 상태에서 마시면 더욱 우울해지고, 스트레스 해소는커녕 찝찝한 기분만 남는다. 예를 들어 실적 부진으로 괴로울 때 술을 마시면 '나는 무능력하다'는 생각이 각인되어 자신감 회복을 방해한다.

회사 동료와 갈등이 있어 퇴근 후 친구와 술을 마시며 그에 대해 이야기한다고 해보자. 험담을 할수록 그를 향한 안 좋은 감정만 깊어질 것이다. 다음 날 출근해서 그의 얼굴을 봐도 이미 '저 사람은 상종 못할 최악의 인간'이라는 생각이 뇌리에 박혀 웃으며 대하기 어려워진다. 결국 인간관계가 악화되어 회사 생활까지 괴로워질 확률이 높다.

술은 즐겁게 마셔야 한다. 실수를 저지르거나 실패했을 때가 아니라 회사에서 작더라도 성과를 냈을 때, 프로젝트를 무사히 마무리했을 때, 큰 계약이 성사되었을 때 축하하는 마음으로 마시는 것이 좋다. 이때 술을 마시면 자기효능감과 자신감, 성취감이 무의식에 깊이 뿌리내린다. 이러한 긍정적 감정이 동기가 되어 더 큰 성공으로 이어진다.

힘들 때 술로 위로하지 않길 바란다. 모든 것을 잊고 싶어 술을 마셔도 실제로는 반대의 결과가 나타난다. 괴로운 기억이 숙취처럼 더욱 선명해질 뿐이다. 또한 늦은 밤의 음주는 뇌의 휴식을 방해해 다음 날 집중력과 업무 능력을 저하시킨다. 집중력 향상을 위해서라도 술은 적절히 조절해야 하고, 그렇지 못할 바에는 금주하는 것이 바람직하다.

일이 힘들었던 날일수록 운동하라

술을 마시는 것은 좋지 못한 스트레스 해소법이다. 그렇다면 실패를 겪어 힘들고 괴로울 때는 무엇을 하는 것이 좋을까? 나는 아무리 일해도 성과가 보이지 않아 힘들 때 피트니스 센터에 가 1시간가량 고강도 운동을 하며 땀을 빼고, 사우나에서 뜨거운 물로 씻는다.

운동은 힘든 상황을 잠시나마 잊는 데 도움이 되고 분노와 화를 해소하는 효과가 있다. 단 30분만 운동해도 스트레스 호르몬인 코르티솔 수치를 정상으로 돌려놓을 수 있다. 몸을 움직이는 것은 마법처럼 걱정과 고민을 잊게 해준다.

직장에서 실수를 저지르거나 크게 사고를 친 날, 누군가와 크게 다투어 감정이 상한 날은 퇴근해서 씻고 침대에 누워도 잠을 이루기 어렵다. 걱정하고 자책하는 마음, 반성하는 마음이 오래 지속되기 때문이다. 감정이 정리되지 않은 채로 잠자리에 들면 교감신경이 활성화되어 쉽게 잠들 수 없다. 이런 날일수록 평소보다 강도 높은 운동으로 몸을 피곤하게 만드는 것이 숙면과 머릿속 정리에 도움이 된다. 심리적으로 아무리 불안정한 상태여도 푹 자고 일어나면 분명 어느 정도는 가벼워진다. 휴식을 충분히 취하고 푹 자는 기술에 대해서는 뒤에서 자세히 살펴보겠다.

3
감정을 잘 다스리는 사람이
집중력도 높다

하소연은 15분이면 충분하다

실수와 그 빈도를 살펴보면 특징적인 패턴이 보인다. 실수가 적은 사람은 침착하고 냉철하며 평정심을 잘 유지하는 반면, 자주 실수하는 사람은 대개 짜증이 나 있거나 불안하고 초조한 상태다. 지금 당신의 감정 상태는 어떠한가? 화나 질투 같은 부정적 감정이 있으면 집중력이 떨어지고 실수 확률이 높아진다. 반면 감정이 안정된 상태에서는 차분히 집중할 수 있다.

상사에게 꾸중을 듣고 오후 내내 일이 손에 잡히지 않을 때 사람들은 어떻게 대처하는가? 퇴근 후 지인에게 하소연하거나 잠을 청하는 등 다양한 방법을 쓴다. 하지만 이런 방식으로는 진정한 감정 정리가 어렵다. 오히려 감정을 자극해 더욱 격해질 수 있다.

많은 사람들이 주변인에게 이야기하며 감정을 추스르려 한다. 속마음을 털어놓는 것은 표현이라는 측면에서 어느 정도 효과가 있다. 하지만 같은 이야기를 반복하거나 오래 하면 오히려 그 기억이 더 깊어진다.

술집에서 종종 듣게 되는 직장인들의 회사 험담이 좋은 예다. 회사에서 있었던 안 좋은 일에 대해 몇 시간씩 이야기하며 그 기억을 더욱 선명하게 만든다. 어떤 이유로 그렇게 화가 났는지 귀 기울여 들어보면 놀랍게도 같은 내용이 쉬지 않고 이어진다. 사소한 일로 상사에게 잔소리를 들어 기분이 나쁘다고 말이다. 그 정도면 감정을 정리하기보다 상사의 잔소리를 기억에 더 깊이 새기고 있다고 봐야 한다.

부정적인 감정이 뇌리에 새겨져 오랜 시간 잊지 못하면 시간이 지나도 감정의 손상을 회복하지 못할 수 있다. 또한 감정이 좋지 않은 상태로 일을 계속하면 이전 행동을 그대로 답습해 똑같은 실수를 반복하는 악순환에 빠지기 쉽다. 하소연

하지 않고서는 도저히 참을 수 없을 정도로 감정이 격해졌다
면 최대 15분 정도만 이야기하고 마무리하자. 시간 가는 줄
모르고 질질 끌어서는 안 된다. 그것은 감정을 정리하는 일이
아니라 감정에 끌려다니는 일이다.

트라우마를 불러일으키는 분노와 공포

하소연을 늘어놓다 보면 괜히 더 화가 날 때가 있다. 상사
에게 핀잔을 들은 날, 퇴근해서 친구와 술을 마시며 이야기하
다 보면 그렇게 큰일도 아니었는데 심하게 혼난 것 같아 울컥
하기도 한다.

감정이 격해지면 우리 몸에서는 아드레날린Adrenaline이 분
비된다. 아드레날린은 혈압을 상승시키고 교감신경을 흥분시
켜 즉각적인 대응 능력을 길러주는 동시에 기억력을 강화하
는 호르몬이다. 즉, 분노를 느끼는 순간이 뇌리에 강렬히 남아
오래 기억하게 된다.

극한의 상황에서도 아드레날린이 분비된다. 2011년 동일본
대지진 피해자 중에는 쓰나미가 밀려오던 장면이 계속 떠올
라 아무리 애써도 잊을 수가 없다며 지금까지도 괴로움을 호

소하는 사람들이 있다. 생명이 위급한 순간, 죽을지도 모른다는 공포감 때문에 아드레날린이 대량 분비되어 그 순간이 선명하게 각인된 것이다. 이렇게 강렬하게 남아 고통스러운 감정적 충격을 '트라우마'라고 하며, 심하면 외상후 스트레스장애, 일명 PTSD Post Traumatic Stress Disorder로 발전하기도 한다.

좋지 못한 경험을 했을 때는 너무 깊이, 오래 생각하지 않는 것이 좋다. 분노나 공포라는 감정이 오래 남아 트라우마를 만드는 것을 방지하기 위해서다. 물론 감정은 완벽히 통제할 수 없고 상황에 따라 절로 튀어나오기 마련이다. 부정적 감정을 아예 느끼지 않을 수는 없지만, 그런 감정이 들면 가능한 한 빠르게 심호흡을 해 가라앉혀야 한다.

웃으면 부정적인 감정이 사라진다

사람은 누구나 때에 따라 화가 나거나 우울해진다. 그때마다 웃음으로 승화하는 것이 가장 현명한 감정 정리법이다. "어제 그런 일이 있어서 완전히 망했지 뭐야. 오늘 해결하느라 애먹었어. 나도 참, 왜 이렇게 덜렁대는지" 하며 가볍게 웃어넘기는 식이다.

신경과학적으로 웃음은 부교감신경을 자극해 긴장을 풀어준다. 교감신경이 자극되면 아드레날린이 분비되어 심박수가 증가하지만, 부교감신경이 활성화되면 심박수가 줄고 침착해진다. 즉, 웃음은 감정을 정리하고 잊게 해준다.

내 경험을 예로 들어보자. 2004년부터 3년간의 시카고 유학 생활 중 특히 첫 3개월은 몹시 힘들었다. 은행 계좌 개설부터 매달 집세 납부까지 모든 것이 낯설었고, 의사소통도 어려웠으며, 연구마저 순조롭지 않았다. 지금 생각해도 인생에서 가장 괴로운 시기였다. 하지만 나는 홈페이지를 만들어 힘든 경험을 하루에 한 편씩 유머러스하게 재구성해 업로드했다. 어이없는 실수들이 재미있는 에피소드가 되었고, 늘어나는 접속자 수와 응원 댓글은 큰 힘이 되었다.

미네소타대학교 연구팀에 따르면 타인과 함께 웃으면 자기효능감이 높아진다고 한다. 미소 짓는 것만으로도 대인관계에 대한 자신감이 생기기 때문이다. 웃음은 실수로 잃은 자신감을 되찾게 해주는 심리적 효과가 있다. 결국 부정적 감정을 씻어내는 가장 빠르고 쉬운 방법은 웃음이다.

4
스트레스 호르몬과
뇌 건강

스트레스의 두 얼굴

　스트레스를 받으면 바로 푸는 것이 좋다. 오랜 시간 스트레스가 쌓이면 뇌 피로가 누적되어 전두엽이 제대로 작동하지 못하고 결국 집중력과 작업 기억력이 저하되기 때문이다.

　일에 집중하기 어렵다고 느낀다면 스트레스를 올바르게 관리하고 있는지 돌아보아야 한다. 스트레스를 받으면 코르티솔이 과다 분비되어 혈당 조절 장애를 일으키고 심한 경우 당뇨와 치매까지 유발하므로 '만병의 근원'이라는 말은 과언이 아니다.

하지만 최근 연구들은 적정 수준의 스트레스가 일상에 활력을 주고 뇌 활성화에 도움이 된다고 말한다. 스탠퍼드대학교 켈리 맥고니걸Kelly McGonigal 박사는 『스트레스의 힘』(21세기북스, 2020)에서 스트레스를 바라보는 관점의 전환을 제안한다. 스트레스를 해로운 것이 아닌 힘의 원천으로 여기면 오히려 유익하게 활용할 수 있다는 것이다. 즉 스트레스를 완전히 없애려 하기보다 '적절히 다스리는' 것이 중요하다. 스트레스에서 완전히 벗어나는 것은 불가능할 뿐 아니라, 적정 수준의 스트레스는 우리 삶에 필요한 요소이기 때문이다.

스트레스를 받으면 기억력이 나빠진다?

코르티솔은 스트레스를 받으면 분비되는 항스트레스 호르몬으로 우리 몸을 각성시키는 역할을 한다. 때문에 코르티솔 수치는 너무 높지도 낮지도 않게 적정 수준으로 유지하는 것이 좋다. 누구나 스트레스를 받으면 코르티솔이 분비되는데 보통 그 수치는 아침에 가장 높아졌다가 저녁과 밤이 될수록 떨어진다. 정상적인 사람은 밤이 될수록 자연스럽게 코르티솔 분비량이 줄지만, 스트레스가 심한 사람은 늦은 밤에도 코르티솔이 분비된다. 다량의 코르티솔이 지속적으로 분비되면 몸에 이런저런 이상이 발생한다.

비유하자면 코르티솔은 마시면 정신이 번쩍 드는 모닝커피와 같다. 오후에 커피를 마시면 카페인 때문에 밤늦게까지 잠을 못 자는 경우가 있는데 코르티솔도 마찬가지다. 늦은 오후에 코르티솔이 분비되면 밤까지 각성 상태가 유지되어 숙면을 취할 수 없고 피로도 풀지 못한다. 특히 사람의 몸은 밤에 자면서 면역력을 회복하는데 코르티솔이 과다 분비되면 잠을 못 자고 면역 기능이 떨어져 건강 상태가 취약해진다.

뇌과학적으로 코르티솔은 특히 해마에 큰 영향을 미친다. 해마란 뇌의 양쪽 측두엽에 위치해 기억을 담당하는 기관으로, 뇌에 들어온 모든 정보가 이곳을 거친다. 쉽게 말해 임시 기억 보관소다. 뇌가 받아들인 모든 정보는 해마에 2~4주일간 저장되는데 이때 특정 정보를 반복적으로 꺼내 사용하면 해당 정보를 중요한 것으로 분류해 장기 기억으로 옮긴다. 그런데 해마는 뇌의 다른 부위보다 코르티솔 수용체를 많이 가지고 있어서 코르티솔 분비량이 늘면 기능이 저하되고, 잘 기억하지 못한다. 뇌에 정보를 제대로 입력하지 못하는 상태가 되는 것이다.

최근 연구들은 해마와 스트레스의 관계를 더욱 분명히 보여준다. 학대받은 아동의 해마가 위축되어 있다는 뇌 분석 결과나, 우울증 환자의 야간 코르티솔 수치가 높은 현상이 대표적이다. 결국 뇌 건강을 위해서는 스트레스를 적절히 관리해 코르티솔의 균형을 유지하는 것이 핵심이다.

당신이 피곤할 때 몸 안에서 일어나는 일

요즘 여기저기서 '부신피로증후군'이라는 말을 자주 듣는다. 부신은 인체의 좌우 신장 위에 있는 고깔 모양의 내분비 기관으로 혈압, 혈당, 수분 등 체내 수치를 조절하는 호르몬을 만든다. 스트레스 호르몬인 코르티솔도 여기서 분비된다.

지속적인 스트레스로 부신이 지치면 적정량의 코르티솔은 분비하지 못하게 되는데, 이런 상태를 가리켜 부신피로증후군이라고 한다.

부신에 피로가 쌓이면 아무리 쉬어도 몸이 개운하지 않고 늘 피곤하다. 아침에 일어나기가 힘들며 저혈당, 저혈압, 집중력과 기억력 저하 같은 증상이 나타난다. 부신 피로는 필연적으로 업무 수행에도 영향을 미친다. 최근 당신의 업무 능률이

크게 떨어져 회복되지 못한다면 그 이유는 호르몬 불균형에
있는지도 모른다.

스트레스와 코르티솔 호르몬은 떼려야 뗄 수 없는 관계에
있고, 코르티솔 수치는 과하지도 부족하지도 않게 유지하는
것이 좋다. 그러기 위해서는 일상에서 스트레스를 적절히 관
리해야 한다. 다음 장에서는 스트레스 해소를 위한 휴식법을
살펴보자.

5
휴식의 골든타임,
잠자기 전 2시간의 비밀

뇌가 원하는 휴식의 시간

기상 직후 2~3시간이 집중하기 좋은 '뇌의 골든타임'이라면, 취침 전 2시간은 머리를 비우는 '휴식의 골든타임'이다.

잠들기 전 2시간을 편안하게 보내면 하루 동안 쌓인 스트레스를 해소하고 기분 좋게 잠들 수 있다. 푹 자고 일어나면 지쳤던 몸에 다시 활기가 생긴다. 두뇌를 완벽하게 회복하고 싶다면 휴식의 골든타임을 제대로 활용해 몸의 긴장을 풀어주는 것이 중요하다.

집중의 뇌과학

늘상 바쁘게 일하고 퇴근하면 집에 도착하자마자 기절하듯 잠드는 사람은 어떻게 쉬어야 할지 감이 잡히지 않을 것이다. 휴식의 골든타임에 하면 좋을 일과 피해야 할 일을 마음가짐과 행동 등으로 나누어 다음 페이지에 표로 정리했다.

늘 바쁘게 일하는 E 씨의 하루 끝을 보자. 밤 11시까지 야근을 하고 자정이 다 되어 겨우 집에 돌아왔다. 피로로 지친 몸을 풀어주려고 뜨거운 물에 몸을 담그고, 목욕을 마친 뒤 편의점에서 사온 도시락을 먹으며 맥주를 한 캔 마셨다. 30분간 스마트폰 게임을 하고, 나가서 담배를 한 대 피우고 들어와 새벽 1시쯤 잠자리에 들었다.

많은 직장인의 퇴근 후 일과가 E 씨와 비슷할 것이다. 하지만 이는 최악의 생활 습관이다. 잠자리에 들기 2시간 전부터는 식사, 음주, 격한 운동, 뜨거운 물로 하는 목욕 모두 금물이다. 몸 상태를 급격히 변화시켜 이완하지 못하게 하기 때문이다. 뇌를 자극하는 스마트폰 게임, 음주, 흡연도 잠들기 전에는 피해야 할 나쁜 습관이다.

퇴근 후에는 이렇게 해보자. 집에 돌아와 느긋한 마음으로 씻고, 좋아하는 음악을 켜고 은은한 아로마 향을 즐긴다. 가족이 아직 잠자리에 들기 전이라면 대화를 나누고, 반려 동물이 있다면 함께 시간을 보낸다. 몸이 뻐근하다면 가벼운 스트레

그림 8. 휴식의 골든타임 활용법

잠들기 전 2시간 동안은 몸과 마음이 충분히 휴식할 수 있도록 해야 한다.

	좋은 습관	나쁜 습관
마음가짐	· 느긋하게 시간 보내기 · 기대되는 일 생각하기 · 즐거웠던 일 떠올리기 · 밝은 표정 짓기	· 정신없이 바쁘게 시간 보내기 · 내일을 걱정하며 불안해하기 · 힘들었던 일 떠올리기 · 표정 찌푸리기
행동	· 일기 쓰기 · 하루 돌아보기 · 스트레칭하기 · 가볍게 마사지하기 · 눈 감고 휴식 취하기 · 따뜻한 물로 반신욕하기 · 가족과 단란하게 시간 보내기 · 야식 먹지 않기 · 술과 커피 마시지 않기 · 흡연하지 않기	· 긴장감 넘치는 게임 하기 · 자극적인 뉴스 보기 · 스마트폰 끊임없이 스크롤하기 · 땀 흘리며 유산소 운동하기 · 뜨거운 물로 목욕하기 · 가족과 대화하지 않고 혼자 시간 보내기 · 맵고 짠 야식 먹기 · 술과 커피 마시기 · 흡연하기
주변 환경	· 잔잔한 음악 감상하기 · 좋아하는 아로마 향 즐기기 · 조명을 조금 어둡게 켜놓기	· 시끄러운 소음 방치하기 · 조명을 밝게 켜놓기

칭으로 풀어주는 것도 좋다.

잠들기 전에 편안하게 쉬어야 하는 이유는 무엇일까? 바로 교감신경 때문이다. 사람의 자율신경계는 교감신경과 부교감신경으로 나뉜다. 낮에는 교감신경이 활발히 작용하며 열심히 일할 수 있도록 돕는다. 밤이 되면 부교감신경이 활발해져 낮 동안 지친 몸과 마음을 회복시킨다. 우리 몸의 신경세포들은 이처럼 완급을 조절하며 작동하는데, 이 전환 과정에 몸을 서서히 안정시키는 시간이 꼭 필요하다. 잠들기 전 2시간을 편안하고 느긋하게 보내면 자연스럽게 교감신경이 진정되고 부교감신경이 활발해진다. 간혹 잘 시간이 되었는데도 잠이 오지 않고 머리가 맑은 날이 있는데, 이는 교감신경이 아직 활발하게 작용하고 있기 때문일 확률이 높다.

세포와 장기의 재생, 면역 기능의 활성화, 암세포 생성 방지 등은 모두 건강한 수면 중에 일어나는 신체 작용이다. 교감신경이 밤까지 활성화되어 있으면 이런 자연 치유력이 제대로 작동하지 못한다. 또한 교감신경 활성화는 스트레스 호르몬인 코르티솔 분비를 촉진한다. 잠들기 전 충분한 휴식으로 이를 조절해야 한다.

주변에서 과중한 업무에 시달리면서도 정신력으로 버티려는 이들을 자주 본다. 당장 일을 줄이기 어렵다면, 최소한 휴식의 골든타임만이라도 지키자. 낮에 아무리 스트레스를 받아도 밤에 부교감신경이 활성화된 상태로 깊은 잠을 자면 다음 날 아침 회복된 상태로 가뿐히 기상할 수 있다. 바쁜 일상에 쫓기듯 살고 있다면, 지금부터라도 휴식의 골든타임을 지켜보자. 좋은 휴식이 좋은 잠으로, 좋은 잠이 삶의 질 향상으로 이어진다.

뇌 컨디션을 개선하는 7시간 수면의 중요성

당신은 하루에 몇 시간을 자는가? 6시간 이하라면 잦은 실수의 원인이 수면 부족일 수 있다. 연구에 따르면 열흘간 매일 6시간씩 자면 인지 기능이 밤새 일했을 때와 비슷한 수준으로 떨어진다. 이는 캔맥주를 마시고 살짝 취한 상태와 같다. 더 충격적인 것은, 6시간씩 자는 날이 닷새만 이어져도 48시간 동안 연속 근무한 것과 같은 수준으로 인지력이 감퇴한다는 점이다. 즉, 수면 시간을 6시간 이하로 유지하는 사람은 술에 만취해 일하는 것과 다름없는 상태다.

내가 강연에서 수면 시간의 중요성을 이야기하면 "저는 매일 6시간씩 자도 무리 없이 일합니다"라며 반박하는 사람이 있다. 그러나 4장에서 살펴본 것처럼 수면 시간이 부족한 사람의 자기통찰력은 크게 떨어진다. 잠을 충분히 자고 있다는 생각은 혼자만의 착각일지도 모른다. 잠이 부족하면 집중력과 주의력이 저하될 뿐만 아니라 작업 기억도 제대로 기능하지 못해 정보 처리 능력이 눈에 띄게 감소한다. 최근에 업무 효율이 떨어졌다고 느낀다면 단언컨대 가장 큰 원인은 수면 부족이다.

나는 누구든 하루에 최소 7시간씩은 자라고 권한다. 2021년 OECD의 조사 결과에 따르면 일본인 평균 수면 시간은 7시간 22분이었다. 그러나 바쁜 직장인이 평균 수면 시간을 확보하기는 어려울 테니 7시간을 목표로 삼자. 참고로 OECD 평균은 8시간 24분으로 일본보다 1시간 이상 길었다. 나는 매일 8시간씩 자며 컨디션을 관리한다.

하루에 6시간 이하로 잔다는 사람에게 7시간씩 자라고 조언하면 "할 일이 너무 많아서 평일에는 불가능해요. 주말에나 몰아서 자야지요"라는 반응이 돌아온다. 그런데 곰곰이 생각하면 이는 인과 관계가 뒤바뀐 것이다. 잠이 부족해서 뇌의 잠재력을 제대로 사용하지 못하고 8시간이면 끝날 일을 10시간 동안 하고 있는 것인지도 모른다. 야근 때문에 잠을 못 자는 것이 아니라, 잠을 못 자서 야근하는 것이다.

2011년 스탠퍼드대학교 수면장애클리닉에서는 평균 수면 시간이 6시간 30분이었던 농구부 선수 11명을 대상으로 5~7주일간 하루에 8시간 30분씩 숙면하게 하고 다음 날 신체 능력의 변화를 기록했다. 스탠퍼드대학교 농구부는 준프로팀이라 할 만큼 운동 기량이 뛰어난 선수가 많았기에 연구팀은 겨우 수면 시간을 2시간 늘리는 것만으로는 눈에 띄는 효과가 없을 것이라고 예상했다. 그런데 놀랍게도 시간이 지날수록 선수 전원의 신체 능력이 향상했다. 실험을 마칠 때쯤 평균적으로 단거리 달리기 기록은 0.7초 빨라졌고, 자유투 성공률은 9퍼센트 상승했다. 선수들은 향상된 실력을 체감하며 경기의 흐름을 주도할 수 있었다. 수면 시간을 늘리자 집중력이 높아져 운동 신경까지 개선된다는 것이 증명된 것이다.

아무리 말해도 반박하는 사람이 있으니 한번 실험을 해보자. 단 일주일이라도 좋으니 하루에 1시간씩 수면 시간을 늘리는 것이다. 며칠만 시도해도 업무 능력이 좋아져 높은 성과로 드러날 것이다. 실제로 내가 운영하는 집중력 관련 온라인 커뮤니티 회원 600여 명을 대상으로 실험을 했는데, 놀랍게도 대부분이 하루에 1시간 더 자는 것만으로도 '전보다 업무 효율이 늘어 야근을 덜 한다', '일의 성과가 뚜렷하게 보인다', '나른하던 몸이 가뿐하고 컨디션도 좋아졌다' 등 큰 효과가

집중의 뇌과학

있었다고 했다.

더 많이 자는데 업무 효율이 늘어 오히려 시간이 남는 이 역설적인 현상, 이는 수면이 가진 놀라운 힘이다. 믿기 어렵다면 단 일주일만 시도해보자. 평소 6시간 이하로 자던 사람이라면 수면 시간을 1시간만 늘려도 놀라운 변화를 맞이할 것이다.

수면제는 당신의 잠을 지키지 못한다

일이 바빠 어쩔 수 없이 취침 시간이 늦어지는 사람이라면 시간 관리를 더 철저히 해 일찍 일을 마치고 잠자리에 들면 된다. 그러나 아무리 일찍 누워도 잠이 오지 않아 뒤척이다가 6시간을 채 못 자는 사람도 있다. 불면증과 수면 장애로 인한 수면 부족이다. 이런 사람은 어떻게 해야 할까? 아마 대부분은 가장 먼저 '수면제'라는 해결책을 떠올릴 것이다. 수면제를 먹으면 불면증을 극복하고 푹 잘 수 있다고 생각하는 사람이 많지만 그렇지 않다. 완전히 잘못된 착각이다.

수면 장애는 수면제를 먹어서 낫는 병이 아니다. 근본적인 원인을 찾아 치료하지 않는 한 고칠 수 없다. 수면제는 임시로 몸을 진정시켜 잠을 취하게 하는 방법일 뿐이다. 고혈압 환자가 혈압약을 먹으면 일시적으로 혈압이 낮아지지만 약효가 떨어지면 다시 수치가 치솟듯이 수면제도 마찬가지다.

게다가 수면제 복용과 사망률이 상관관계를 보인다는 연구 결과도 있다. 캘리포니아대학교 샌디에이고캠퍼스의 대니얼 크립키Daniel Kripke 박사는 미국 펜실베이니아주 주민 중 수면제를 복용한 환자 1만여 명과 그렇지 않은 환자 2만 3,000여 명을 2년 반 동안 추적 관찰한 결과, 수면제를 복용한 환자의 사망률이 그렇지 않은 환자보다 3~4배가량 높다는 사실을 발견했다. 이들은 암 발병 확률도 35퍼센트 높았다. 장기간의 수면제 복용은 건강에 악영향을 미친다는 것을 알 수 있다.

잠이 오지 않을 때는 수면제를 복용하기보다 우선 원인을 찾아 대책을 마련해야 한다. 어떤 요인이 수면 장애를 일으킬까? 앞에서 휴식의 골든타임에 지켜야 할 좋은 습관과 피해야 할 나쁜 습관을 정리했는데, 나쁜 습관 칸에 있던 모든 요소가 수면 장애의 원인에 해당한다. 잠들기 전에 식사하거나 술을 마시는 것, 스마트폰을 보거나 텔레비전을 보는 행위가 모두 수면 장애로 이어진다.

나는 지금까지 불면증을 겪는 환자들을 수없이 많이 진찰했다. 내가 본 환자들은 공통적으로 나쁜 습관 중 적어도 몇 가지를 하고 있었다. 내 조언을 받아들여 나쁜 습관을 버리고 생활 방식을 바꾼 환자들은 곧 수면 장애를 극복했지만 나쁜 습관을 고집한 환자들은 계속 수면제에 의존했다.

불면은 단순한 컨디션 저하가 아닌, 우리 몸이 보내는 일종의 경고 신호다. '시간이 지나면 괜찮아지겠지'라며 가벼이 넘길 문제가 아니다. 일본의 한 연구에 따르면 성인 다섯 명 중 한 명이 수면 문제를 겪고 있다고 한다. 이는 결코 무시할 수 없는 수치다.

해결의 첫걸음은 잠들기 전 2시간을 편안한 휴식 시간으로 만드는 것이다. 건강한 휴식과 수면 습관은 당신의 뇌를 충분히 회복시켜 집중력과 업무 능력을 한층 끌어올릴 것이다.

핵심 정리

① 집중력을 개선하는 데는 물리적인 정리 정돈보다 머릿속 생각 정리가 더 중요하다. 끝마친 일은 신속하게 정리해 뇌의 작업 기억 공간을 확보하자.

② 실패했을 때 오래 곱씹으며 괴로워하면 독이 된다. 잘못에 대해 빠르게 피드백하고 흘려보내야 한다. 힘들 때는 술을 마시기보다 차라리 운동하라.

③ 감정을 정리하기 위해서는 투덜거리고 하소연을 하는 것보다 웃으며 넘기는 게 도움이 된다.

④ 적정 수준의 스트레스는 일상의 활력이 되지만 과하면 정신뿐만 아니라 신체 건강에도 안 좋은 영향을 끼친다. 과하지도 부족하지도 않게 스트레스를 관리하자.

⑤ 잘 쉬고 잘 자는 것이 최고의 스트레스 정리법이다. 잠들기 전 2시간은 몸과 마음이 충분히 이완되도록 하고, 잠은 최소 7시간 이상 자야 한다.

오늘부터 시작하는
나만의 뇌 습관

집중력을 다루는 책은 시중에 차고 넘친다. 하지만 서점에서 관련 코너를 살펴보면 대부분의 책이 임시방편적인 해결책만 제시할 뿐, 집중력 저하의 근본 원인을 파고들어 뇌과학적 근거를 바탕으로 구체적인 실천법까지 소개하는 책은 찾아보기 어렵다.

뇌 피로가 쌓이거나 수면 부족을 겪는 사람은 아무리 열심히 확인하고 또 확인해도 실수를 줄이고 업무 효율을 높이기 어렵다. 이런 사람이 집중하기 위해서는 일시적이고 표면적인 해결책만으로는 부족하다. 그보다 먼저 생활 습관을 바꾸어 뇌 피로를 풀고 쌓인 스트레스가 있다면 정리해야 한다. 신체 건강도 등한시해서는 안 된다.

이 책을 끝까지 읽었다면 집중력을 높이는 근본적인 뇌의 메커니즘을 이해했을 것이다. 내가 소개한 방법을 차례차례 실천하면 앞으로 회사 업무는 물론이고 인간관계를 비롯해 사적인 문제까지 차분히 해결할 수 있을 것이다. 뇌를 조금만 다르게 사용하면 지금 눈앞에 산재한 문제를 새로운 방식으로 풀어 나갈 수 있다. 집중이 되지 않는데 압박감을 느끼며 무조건 일을 시작하려 애쓰기보다 먼저 나의 몸과 정신 건강 상태를 살펴보고 정리하길 권한다.

필요한 순간마다 다시 찾아볼 수 있도록 각 챕터마다 적재적소에 어울리는 뇌 활용법과 집중력 도구들을 소개했지만, 어디서부터 시작해야 할지 고민되는 독자들도 많을 것이다. 그래서 마지막으로 이 책의 핵심 내용만 뽑아 다음 장에 두 개의 표로 실었다.

먼저 집중력의 차이에 따른 생활 습관을 구분해 정리했다. 표를 투두리스트처럼 출력해 잘 보이는 곳에 두고 나의 상태를 점검하면 집중력을 개선할 수 있다. 집중력은 당신의 올바른 생활 습관이 만든다. 지금 '집중력이 낮은 사람' 쪽에 가깝다면 '집중력이 높은 사람'의 생활로 변화하도록 노력하자.

또한 집중력과 작업 기억을 개선하고 뇌 피로를 풀어주는 활동도 표로 정리했다. 중요한 것은 당신의 뇌에 적절한 휴식과 과업을 번갈아 제공해야 한다는 사실이다. 작업 기억의 용량이 부족할 때는 요리와 같은 활동을 하고, 뇌에 피로가 쌓였을 때는 주변 사람과 이야기를 나누며 휴식을 취하는 식으로 말이다. 급할수록 돌아가라는 말처럼, 일이 안 될 때는 한 걸음 물러나는 여유가 필요하다.

정신과 의사로서 나는 독자들이 뛰어난 집중력으로 일의 능률을 높이고 나아가 몸과 마음의 건강까지 얻기를 바라며 이 책을 썼다. 집중력은 타고나는 것이 아니라 행동과 습관을 통해 개선할 수 있는 능력이다. 간단한 훈련만으로 놀라운 집중력을 발휘할 수 있다는 점을 항상 기억하자.

집중력은 업무 효율을 높여 스트레스를 줄이고 높은 성과를 낼 수 있도록 돕는 힘이다. 더 나아가 최고의 순간, 즉 몰입에 도달하게 해준다. 누구나 약간의 연습으로 도달할 수 있는 경지다. 당신이 진정한 능력을 발휘할 그날이 머지않았다. 지금 이 순간부터, 뇌를 깨우는 습관을 하나씩 실천해보자.

	집중력이 높은 사람	집중력이 낮은 사람
그림 9. 집중력이 높은 사람과 낮은 사람의 습관		

집중력이 낮은 사람과 높은 사람은 다음과 같은 차이가 있다.

	집중력이 높은 사람	집중력이 낮은 사람
주변 사물을 어떻게 활용하는가?	· 스마트폰 사용 시간이 짧다 · 아침에 텔레비전을 보지 않는다 · 중요한 내용만 메모하고 기록한다 · 투두리스트를 써서 잘 보이는 곳에 둔다 · 주변이 정리되어 있다	· 스마트폰 사용 시간이 길다 · 아침에 텔레비전을 본다 · 메모와 기록을 남기지 않는다(or 과하게 남긴다) · 투두리스트를 활용하지 않는다(or 투두리스트를 써서 보이지 않는 곳에 둔다) · 주변이 어질러져 있다
하루 일과를 어떻게 관리하는가?	· 하루에 7시간 이상 잔다 · 운동을 꾸준히 한다 · 취미나 자기계발과 관련한 공부를 꾸준히 한다 · 할 일은 낮에 하고 저녁부터 밤까지는 여유롭게 보낸다 · 야근을 하지 않는다	· 하루에 7시간 미만 잔다 · 운동을 전혀 하지 않는다 · 직장인이 된 뒤로 공부를 전혀 하지 않는다 · 낮에는 여유를 부리다가 밤이 되어서야 일을 시작한다 · 야근이 잦다
어떤 마음가짐으로 일하는가?	· 기대와 설렘으로 일한다 · 느긋하고 여유 있게 일한다 · 일을 마치고 쉴 시간까지 확보해 놓는다 · 실패를 통해 배우고 성장한다	· 싫지만 억지로 일한다 · 허둥지둥 바쁘게 일한다 · 일정이 차 있고, 계속 움직여야 마음이 편하다 · 실패하면 끊임없이 자책한다

| 어떤
마음가짐으로
살아가는가? | · 늘 활기차고 즐겁다
· 꼭 필요한 것만 궁금해한다
· 자기 자신의 상태를 잘 안다
· 스트레스를 능숙하게
  관리한다
· 지금 이 순간에 집중해
  최고의 기량을 발휘한다 | · 늘 피곤하다고 투덜거린다
· 이런저런 가십을 궁금해한다
· 자신의 상태를 모르지만 괜
  찮겠거니 생각한다
· 스트레스를 관리하지 못한다
· 과거에 집착하고 미래를
  걱정한다 |

그림 10. 뇌 기능을 개선하는 활동

세 가지 핵심 영역(집중력 개선, 작업 기억 향상, 뇌 피로 해소)을 중심으로 효과의 정도를 별점으로 표시했다. 별점이 없는 항목은 아직 학술적 근거가 충분히 확립되지 않은 방법이지만 시도해볼 만한 가치가 있는 것들이다. 자신의 현재 뇌 상태를 진단하고, 상황에 맞는 적절한 방법을 선택해 적용해보자.

	집중력 개선	작업 기억 향상	뇌 피로 해소
수면	★★★	★★★	★★★
운동	★★★	★★★	★★★
야외 활동	★	★★★	★★★
이중 작업 (신체 활동+두뇌 활동)	★★	★★	★★
독서	★★★	★★★	★★★
학습(공부)	★★	★★★	
보드게임	★★★	★★★	★
요리		★★★	★
마음챙김 명상	★★★	★★	★★★
주변과 소통하기			★★★

참고 문헌

번역서

- 가바사와 시온,『나는 한 번 읽은 책은 절대 잊어버리지 않는다』, 은영미 역, 나라원

- 가바사와 시온,『당신의 뇌는 최적화를 원한다』, 오시연 역, 쌤앤파커스

- 가바사와 시온,『소소하지만 확실한 공부법』, 정지영 역, 매일경제신문사

- 가바사와 시온,『신의 시간술』, 정지영 역, 리더스북

- 가바사와 시온,『외우지 않는 기억법』, 박성민 역, 라의눈

- 니시노 세이지,『스탠퍼드식 최고의 수면법』, 조해선 역, 북라이프

- 데이비드 R. 해밀턴,『행복의 과학』, 임효진 역, 인카운터

- 숀 스티븐슨,『스마트 슬리핑』, 최명희 역, 위즈덤

- 이치카와 마코토,『자기 전 15분, 미니멀 시간 사용법』, 임영신 역, 매일경제신문사

- 존 레이티·에릭 헤이거먼,『운동화 신은 뇌』, 이상헌 역, 녹색지팡이

- 켈리 맥고니걸,『스트레스의 힘』, 신예경 역, 21세기북스

- 트레이시 앨러웨이·로스 앨러웨이,『파워풀 워킹 메모리』,
  이충호 역, 문학동네

- 토르켈 클링베르그,『넘치는 뇌』, 한태영 역, 윌컴퍼니

외서

- 苧阪満里子著、『もの忘れの脳科学』, 講談社

- 西多昌規著、『「テンパらない」技術』, PHP研究所

- 奥村歩著、『その「もの忘れ」はスマホ認知症だった』,
  青春出版社

- 横田晋務著、川島隆太監修、『やってはいけない脳の習慣』,
  青春出版社

- 樺沢紫苑著、『精神科医が教えるぐっすり眠れる12の法則』
  (Kindle 전자책)

쓸모 있는 뇌과학 · 7

집중의 뇌과학

1판 1쇄 발행 2025년 2월 12일
1판 2쇄 발행 2025년 2월 21일

지은이 가바사와 시온
옮긴이 이은혜
발행인 박명곤 **CEO** 박지성 **CFO** 김영은
기획편집1팀 채대광, 이승미, 이정미, 김윤아, 백환희, 이상지
기획편집2팀 박일귀, 이은빈, 강민형, 이지은, 박고은
디자인팀 구경표, 유채민, 윤신혜, 임지선
마케팅팀 임우열, 김은지, 전상미, 이호, 최고은

펴낸곳 (주)현대지성
출판등록 제406-2014-000124호
전화 070-7791-2136 **팩스** 0303-3444-2136
주소 서울시 강서구 마곡중앙6로 40, 장흥빌딩 10층
홈페이지 www.hdjisung.com **이메일** support@hdjisung.com
제작처 영신사

© 현대지성 2025

※ 이 책은 저작권법에 따라 보호받는 저작물이므로 무단 전재와 복제를 금합니다.
※ 잘못 만들어진 책은 구입하신 서점에서 교환해드립니다.

"Curious and Creative people make Inspiring Contents"
현대지성은 여러분의 의견 하나하나를 소중히 받고 있습니다.
원고 투고, 오탈자 제보, 제휴 제안은 support@hdjisung.com으로 보내주세요.

현대지성 홈페이지

이 책을 만든 사람들
기획 이승미 **편집** 이상지, 채대광 **디자인** 윤신혜